基于 Python 的计算方法

主　编　李新栋
副主编　许文文　张绪浩　任永强

電子工業出版社
Publishing House of Electronics Industry
北京•BEIJING

内 容 简 介

本书介绍了计算方法中常用算法的应用背景、基本原理、Python 算法实现、案例分析及思政融合，力求做到算法原理浅显易懂，算法步骤清晰明了，算法实现稳定可靠，强化思政铸魂育人。本书共八章，包括插值法、曲线拟合、数值积分和数值微分、线性方程组的直接解法、线性方程组的迭代解法、方程求根、常微分方程初值问题的数值解法、矩阵特征值计算。

本书可作为高等院校计算机、人工智能、数据计算类专业的本科生教材，也可供从事数据分析等相关科研人员参考。

图书在版编目（CIP）数据

基于 Python 的计算方法 / 李新栋主编. —北京：电子工业出版社，2023.11

ISBN 978-7-121-46611-3

Ⅰ. ①基… Ⅱ. ①李… Ⅲ. ①软件工具－程序设计 Ⅳ. ①TP311.561

中国国家版本馆 CIP 数据核字（2023）第 214122 号

责任编辑：杜　军
印　　刷：北京虎彩文化传播有限公司
装　　订：北京虎彩文化传播有限公司
出版发行：电子工业出版社
　　　　　北京市海淀区万寿路 173 信箱　　　邮编：100036
开　　本：787×1092　1/16　印张：12.25　字数：290 千字
版　　次：2023 年 11 月第 1 版
印　　次：2024 年 12 月第 2 次印刷
定　　价：39.90 元

凡所购买电子工业出版社图书有缺损问题，请向购买书店调换。若书店售缺，请与本社发行部联系，联系及邮购电话：（010）88254888，88258888。

质量投诉请发邮件至 zlts@phei.com.cn，盗版侵权举报请发邮件至 dbqq@phei.com.cn。

本书咨询联系方式：dujun@phei.com.cn。

前 言

“计算方法”课程是高等院校理工类专业必修的专业基础理论及计算机应用课程，为培养社会建设所需要的高质量、高技能专业人才服务。当下人工智能、数据科学等新兴专业逐步兴起，急需适合数据驱动发展的新时代人才培养的相关教材。本书基于 Python 编程语言，融入思政元素，体现计算方法在实际工程和时代需求中的应用价值，强化教材立德树人。

本书共八章，每章均结合实际应用背景开展案例引导，省略烦琐的理论证明，简明扼要地介绍计算方法中基础算法的基本原理和算法步骤，详细给出 Python 编程及库函数调用多方式算法实现。本书加深课程思政与算法的结合，如北斗、天问、嫦娥等航天利器，牛顿、高斯、欧拉等名人典故，九章算术、数学家冯康院士等中国元素，让学生领略精益求精的工匠精神，激发家国情怀和民族自豪感，培养学生奋发有为的学习热情，提升创新能力，增强民族自信心。

本书建议理论部分为 32 学时，实践部分为 32 学时。理论部分重在让学生掌握每章最常用的算法原理；实践部分采用 Python 自主编程和库函数调用两种形式，使学生全面掌握算法的代码实现。

本书前四章的内容由齐鲁工业大学许文文完成，后四章的内容和本书最终定稿由齐鲁工业大学李新栋完成，附录部分由齐鲁工业大学张绪浩完成。部分细节由齐鲁工业大学任永强完成。齐鲁工业大学数学与统计学院的领导对本书的编写给予了大力支持。杜明洋、张甜甜、余昌彪、杨露、宋娜娜、袁希倩、刘国梁、刘家诚八位研究生在本书的初稿和程序编写方面做了很多工作，在此表示衷心的感谢。由于编者水平有限，本书难免存在不足之处，恳请读者批评指正。

相关阅读请扫二维码

目录

第一章　插值法 1

一、学习目标 1

二、案例引导 1

三、知识链接 2

四、巩固训练 20

五、拓展阅读 21

第二章　曲线拟合 23

一、学习目标 23

二、案例引导 23

三、知识链接 23

四、巩固训练 42

五、拓展阅读 43

第三章　数值积分和数值微分 46

一、学习目标 46

二、案例引导 46

三、知识链接 47

四、巩固训练 67

五、拓展阅读 68

第四章　线性方程组的直接解法 69

一、学习目标 69

二、案例引导 69

三、知识链接 70

四、巩固训练 96

五、拓展阅读 97

第五章　线性方程组的迭代解法 99

一、学习目标 99

二、案例引导......99
三、知识链接......101
四、巩固训练......117
五、拓展阅读......118

第六章 方程求根......120

一、学习目标......120
二、案例引导......120
三、知识链接......121
四、巩固训练......136
五、拓展阅读......138

第七章 常微分方程初值问题的数值解法......140

一、学习目标......140
二、案例引导......140
三、知识链接......141
四、巩固训练......160
五、拓展阅读......161

第八章 矩阵特征值计算......163

一、学习目标......163
二、案例引导......163
三、知识链接......164
四、巩固训练......175
五、拓展阅读......176

附录 A Python 简介......178

一、安装......178
二、运行......179
三、计算方法相关库函数......181

参考文献......189

第一章

插值法

在实际工程计算和经济问题分析中，往往需要考察自变量 x 与因变量 y 的函数关系。一般地，根据问题的实际背景和理论分析，可以确定函数关系 $y=f(x)$ 在某个区间内是存在的，但是大多数情况下无法求得具体的解析表达式，只能通过观察、测量或实验得到一些离散点上的函数值，并希望根据这些离散点得到一个比较简单的表达式近似描述函数关系。另外，有些函数虽然有明确的解析表达式，但是过于复杂而不便于计算和理论分析，因此同样希望构造一个形式简单且便于分析的函数，近似地代替原来的函数。这种用较简单的函数来近似复杂函数的问题，就是函数逼近问题。如何根据给定的数据集构造一个既能反映内在特性又计算简单的函数 $P(x)$ 来近似 $f(x)$ 是需要关注的重要问题。插值法是常用的构造方法之一，被广泛应用于飞机、汽车、航海等元件设计，以及辐射场重构、卫星导航系统、图像处理、石油地质勘探等领域。

一、学习目标

掌握拉格朗日（Lagrange）插值法、牛顿（Newton）插值法的基本原理；了解分段插值、样条插值；熟悉 Python 求解过程。

二、案例引导

观测到某下雨天某地面水深在不同时间的数值如表 1.1 所示。

表 1.1　时间与水深数值

时间/h	0	3	5	7	9	11	12	13	14	15
水深/mm	0	1.2	1.7	2.0	2.1	2.0	1.8	1.2	1.0	1.6

试求出地面水深随时间变化的函数关系。

三、知识链接

1. 拉格朗日插值法

1）基本原理

定义 1.1 设函数 $y=f(x)$ 在区间 $[a,b]$ 上有定义，且已知节点 $a\leqslant x_0<x_1<\cdots<x_n\leqslant b$ 上的函数值 y_i（$i=0,1,\cdots,n$）。若存在一个简单函数 $P(x)$，使

$$P(x_i)=y_i,\ \ i=0,1,\cdots,n \tag{1.1}$$

成立，则称 $P(x)$ 为插值函数，式（1.1）为插值条件，求插值函数 $P(x)$ 的方法为插值法。

插值函数 $P(x)$ 的形式多样，需要根据具体问题进行设定。本章仅讨论插值函数为多项式函数的情形，即

$$P(x)=a_0+a_1x+\cdots+a_nx^n \tag{1.2}$$

其中，a_i 为实数。此情形应用广泛且简单实用。

引理 1.1 满足插值条件式（1.1）的 n 次插值多项式 $P(x)$ 存在且唯一。

当 $n=1$ 时，由插值条件式（1.1）确定的插值函数为过节点 (x_k,y_k) 和 (x_{k+1},y_{k+1}) 的直线，假设已知函数值 $y_k=f(x_k)$，$y_{k+1}=f(x_{k+1})$，此时的线性插值多项式记为 $L_1(x)$，其满足 $L_1(x_k)=y_k$，$L_1(x_{k+1})=y_{k+1}$。显然，$L_1(x)$ 的表达式为

$$L_1(x)=\frac{x-x_{k+1}}{x_k-x_{k+1}}y_k+\frac{x-x_k}{x_{k+1}-x_k}y_{k+1} \tag{1.3}$$

易见 $L_1(x)$ 是由两个线性函数：

$$l_k(x)=\frac{x-x_{k+1}}{x_k-x_{k+1}},\ \ l_{k+1}(x)=\frac{x-x_k}{x_{k+1}-x_k} \tag{1.4}$$

的线性组合得到的，其组合系数分别为 y_k，y_{k+1}，即 $L_1(x)=y_kl_k(x)+y_{k+1}l_{k+1}(x)$。函数 $l_k(x)$，$l_{k+1}(x)$ 分别为节点 x_k，x_{k+1} 处的一次插值基函数或线性插值基函数，满足 $l_k(x_k)=1$，$l_k(x_{k+1})=0$，$l_{k+1}(x_k)=0$，$l_{k+1}(x_{k+1})=1$。

当 $n=2$ 时，设插值节点为 $(x_{k-1},y_{k-1}),(x_k,y_k),(x_{k+1},y_{k+1})$，易得二次插值基函数：

$$l_{k-1}(x)=\frac{(x-x_k)(x-x_{k+1})}{(x_{k-1}-x_k)(x_{k-1}-x_{k+1})},\ \ l_k(x)=\frac{(x-x_{k-1})(x-x_{k+1})}{(x_k-x_{k-1})(x_k-x_{k+1})} \tag{1.5}$$

$$l_{k+1}(x)=\frac{(x-x_{k-1})(x-x_k)}{(x_{k+1}-x_{k-1})(x_{k+1}-x_k)}$$

二次插值基函数也称为抛物插值基函数，可得二次插值多项式：

$$L_2(x)=y_{k-1}l_{k-1}(x)+y_kl_k(x)+y_{k+1}l_{k+1}(x) \tag{1.6}$$

上面讨论了 $n=1$ 和 $n=2$ 的情况，容易推广得到下面的一般形式。

定义 1.2 若 n 次多项式 $l_j(x)\,(j=0,1,\cdots,n)$ 在 $n+1$ 个节点 $x_0<x_1<\cdots<x_n$ 上满足

$$l_j(x_k)=\begin{cases}1, & k=j\\ 0, & k\neq j\end{cases}\quad (j,k=0,1,\cdots,n) \tag{1.7}$$

就称这 $n+1$ 个多项式为节点 $x_0,x_1,\cdots,x_n$ 上的 n 次插值基函数。其中，x_k 上的插值基函数形式为

$$l_k(x)=\frac{(x-x_0)\cdots(x-x_{k-1})(x-x_{k+1})\cdots(x-x_n)}{(x_k-x_0)\cdots(x_k-x_{k-1})(x_k-x_{k+1})\cdots(x_k-x_n)} \tag{1.8}$$

$L_n(x)=\sum\limits_{k=0}^{n}y_kl_k(x)$ 为 n 次拉格朗日插值多项式，$L_1(x)$ 和 $L_2(x)$ 分别是 $n=1$ 和 $n=2$ 时的特殊情形。

引理 1.2 设 $f^{(n)}(x)$ 在 $[a,b]$ 上连续且 $f^{(n+1)}(x)$ 在 (a,b) 内存在，节点 $a\leqslant x_0<x_1<\cdots<x_n\leqslant b$，$L_n(x)$ 是满足 $L_n(x_j)=y_j\,(j=0,1,\cdots,n)$ 的插值多项式，则对于任意 $x\in[a,b]$，插值余项为

$$R_n(x)=f(x)-L_n(x)=\frac{f^{(n+1)}(\xi)}{(n+1)!}\omega_{n+1}(x) \tag{1.9}$$

其中，$\xi(x)\in(a,b)$ 依赖于 x；$\omega_{n+1}(x)=(x-x_0)(x-x_1)\cdots(x-x_n)$。

2）算法步骤

（1）输入初始数据 $x_k,y_k\,(k=0,1,\cdots,n)$。

（2）计算插值基函数 $l_k(x)$。

（3）将插值基函数代入拉格朗日插值多项式 $L_n(x)=\sum\limits_{k=0}^{n}y_kl_k(x)$，计算待求节点上的值。

（4）根据式（1.9）估计插值余项 $R_n(x)$。

3）算法实现

例 1.1 给出 $y=\mathrm{e}^x$ 的函数值关系表（见表 1.2），用线性插值及二次插值计算 $\mathrm{e}^{0.27}$ 的近似值。

表 1.2 函数值关系表

x	0.1	0.2	0.3	0.4	0.5
e^x	1.105171	1.221403	1.349859	1.491825	1.648721

解：（1）理论求解。首先用线性插值计算，由于 $x=0.27$ 介于 0.2 和 0.3 之间，故可取 $x_0=0.2$，$x_1=0.3$，此时 $y_0=1.221403$，$y_1=1.349859$，代入线性拉格朗日插值多项式，得

$$\begin{aligned}L_1(0.27)&=y_0\frac{x-x_1}{x_0-x_1}+y_1\frac{x-x_0}{x_1-x_0}\\&=1.221403\times\frac{0.27-0.3}{0.2-0.3}+1.349859\times\frac{0.27-0.2}{0.3-0.2}\\&\approx 1.311322\end{aligned}$$

所以 $e^{0.27}\approx L_1(0.27)\approx 1.311322$。

接下来用二次插值计算，取 $x_0=0.2$，$x_1=0.3$，$x_2=0.4$，此时 $y_0=1.221403$，$y_1=1.349859$，$y_2=1.491825$，代入二次拉格朗日插值多项式，得

$$\begin{aligned}L_2(0.27)&=y_0\frac{(x-x_1)(x-x_2)}{(x_0-x_1)(x_0-x_2)}+y_1\frac{(x-x_0)(x-x_2)}{(x_1-x_0)(x_1-x_2)}+\\&\quad y_2\frac{(x-x_0)(x-x_1)}{(x_2-x_0)(x_2-x_1)}\\&=1.221403\times\frac{(0.27-0.3)\times(0.27-0.4)}{(0.2-0.3)\times(0.2-0.4)}+\\&\quad 1.349859\times\frac{(0.27-0.2)\times(0.27-0.4)}{(0.3-0.2)\times(0.3-0.4)}+\\&\quad 1.491825\times\frac{(0.27-0.2)\times(0.27-0.3)}{(0.4-0.2)\times(0.4-0.3)}\\&\approx 1.309904\end{aligned}$$

所以 $e^{0.27}\approx L_2(0.27)\approx 1.309904$。

（2）程序实现。Python 程序代码如下：

```
import math
"""
函数：Parameters()
功能：计算插值多项式的系数
参数：data_x 为数据的横坐标，data_y 为数据的纵坐标，size 为插值基函数的个数
返回值：插值函数的系数
"""
def Parameters(data_x, data_y, size):
    # 初始化参数列表
    parameters = []
    # while 循环累乘运算，主要生成插值基函数的分母部分
    i = 0
    while i < size:
        j = 0
        temp = 1
        while j < size:
```

```
            if i != j:
                temp *= data_x[i] - data_x[j]
            j += 1
        # 至此，插值基函数的分母部分已运算结束
        parameters.append(data_y[i] / temp)
      # 此处 data_y[i]的设置为简便后续运算，即代表 L(x)函数中 y_k 系数部分
        i += 1
    return parameters
"""
函数：Calculate()
功能：计算拉格朗日插值公式的值
参数：data_x 为原始数据的横坐标，parameters 为拉格朗日插值函数的系数，x 为用于拉格朗日插值函数计算的不定值
返回值：经拉格朗日插值公式计算后的值
"""
def Calculate(data_x, parameters, x):
    # 初始化函数返回值
    return_value = 0
    # while 循环累乘运算，主要生成插值函数的分子部分
    i = 0
    while i < len(parameters):
        temp = 1
        j = 0
        while j < len(parameters):
            if i != j:
                temp *= x - data_x[j]
            j += 1
        return_value += temp * parameters[i]
        i += 1
return return_value
X1 = [0.2, 0.3]
Y1 = [1.221403, 1.349859]  #线性插值节点
P1 = Parameters(X1, Y1, len(X1))  # 返回拉格朗日插值的参数
point = 0.27
real = math.exp(point)  # 真实值
fitted1 = Calculate(X1, P1, point)  # 拟合值
Remainder1 = real - fitted1  # 插值余项
print('点 {0} 处的真实值为{1}'.format(point, real), '\n')
print('点 {0} 处，线性拉格朗日插值结果为{1}'.format(point, fitted1))
print('线性拉格朗日插值余项为{1}'.format(point, Remainder1), '\n')
X2 = [0.2, 0.3, 0.4]
Y2 = [1.221403, 1.349859, 1.491825] #二次插值节点
P2 = Parameters(X2, Y2, len(X2))  # 返回拉格朗日插值的参数
```

```
point = 0.27
real2 = math.exp(point)  # 真实值
fitted2 = Calculate(X2, P2, point)  # 拟合值
Remainder2 = real2 - fitted2  # 插值余项
print('点 {0} 处, 二次拉格朗日插值结果为{1}'.format(point, fitted2))
print('二次拉格朗日插值余项为{1}'.format(point, Remainder2))
```

输出结果如下：

```
点 0.27 处的真实值为 1.3099644507332473

点 0.27 处, 线性拉格朗日插值结果为 1.3113221999999998
线性拉格朗日插值余项为-0.0013577492667524726

点 0.27 处, 二次拉格朗日插值结果为 1.3099036499999996
二次拉格朗日插值余项为 6.080073324765678e-05
```

2. 牛顿插值法

1）基本原理

拉格朗日插值多项式形式对称，实现简单。但当实际问题需要增加或减少数据时，多项式的每一项都要重新计算，导致之前的计算全部作废，这样的计算代价太大。牛顿插值法可以很好地克服这一个缺点。拉格朗日插值是基于两点式直线方程推广得到的，如果基于点斜式直线方程 $P_1(x)=y_0+\dfrac{y_1-y_0}{x_1-x_0}(x-x_0)$ 出发，可得到牛顿插值。首先介绍差商的定义。

定义 1.3 一般地，称 $f[x_0,x_k]=\dfrac{f(x_k)-f(x_0)}{x_k-x_0}$ 为函数 $f(x)$ 关于节点 x_0,x_k 的一阶差商；称 $f[x_0,x_1,x_k]=\dfrac{f[x_0,x_k]-f[x_0,x_1]}{x_k-x_1}$ 为 $f(x)$ 关于节点 x_0,x_1,x_k 的二阶差商。以此类推，称 $f[x_0,x_1,\cdots,x_k]=\dfrac{f[x_0,x_1,\cdots,x_{k-2},x_k]-f[x_0,x_1,\cdots,x_{k-1}]}{x_k-x_{k-1}}$ 为 $f(x)$ 的 k 阶差商。

根据差商定义，假设 $x\in[a,b]$，那么

$$
\begin{gathered}
f(x)=f(x)+f[x,x_0](x-x_0)\\
f[x,x_0]=f[x_0,x_1]+f[x,x_0,x_1](x-x_1)\\
\vdots\\
f[x,x_0,\cdots,x_{n-1}]=f[x_0,x_1,\cdots,x_n]+f[x,x_0,\cdots,x_n](x-x_n)
\end{gathered}
$$

将后一式依次代入前一式可得

$$
\begin{aligned}
f(x) &= f(x) + f[x_0,x_1](x-x_0) + f[x_0,x_1,x_2](x-x_0)(x-x_1) + \cdots + \\
&\quad f[x_0,x_1,\cdots,x_n](x-x_0)\cdots(x-x_{n-1}) + f[x,x_0,\cdots,x_n]\omega_{n+1}(x) \\
&= N_n(x) + R_n(x)
\end{aligned} \tag{1.10}
$$

其中

$$
\begin{aligned}
N_n(x) &= f(x) + f[x_0,x_1](x-x_0) + f[x_0,x_1,x_2](x-x_0)(x-x_1) + \cdots + \\
&\quad f[x_0,x_1,\cdots,x_n](x-x_0)\cdots(x-x_{n-1})
\end{aligned} \tag{1.11}
$$

$$
R_n(x) = f[x,x_0,\cdots,x_n]\omega_{n+1}(x) \tag{1.12}
$$

$N_n(x)$为牛顿插值多项式，$R_n(x)$为插值余项。

由插值多项式的存在唯一性可知，$L_n(x)$=$N_n(x)$。形式上，n次拉格朗日插值是由$n+1$项n次多项式的和构成的，对称性强。n次牛顿插值由$(0,1,\cdots,n)$次多项式共计n+1项的和构成，形式具有承袭性，计算量较小。

2）算法步骤

（1）输入初始数据$x_k, f_k(k=0,1,\cdots,n)$。

（2）计算差商（见表1.3）。

表1.3 差商表

x_k	$f(x_k)$	一阶差商	二阶差商	三阶差商	四阶差商	…
x_0	$f(x_0)$					
x_1	$f(x_1)$	$f[x_0,x_1]$				
x_2	$f(x_2)$	$f[x_1,x_2]$	$f[x_0,x_1,x_2]$			
x_3	$f(x_3)$	$f[x_2,x_3]$	$f[x_1,x_2,x_3]$	$f[x_0,x_1,x_2,x_3]$		
x_4	$f(x_4)$	$f[x_3,x_4]$	$f[x_2,x_3,x_4]$	$f[x_1,x_2,x_3,x_4]$	$f[x_0,x_1,x_2,x_3,x_4]$	
⋮	⋮	⋮	⋮	⋮	⋮	⋮

（3）根据式（1.11）计算$N_n(x)$在待求节点上的值并输出结果。

（4）根据式（1.12）计算$R_n(x)$。

3）算法实现

例1.2 利用表1.2的数据，求四次牛顿插值多项式，并计算$f(0.27)$的近似值。

解：（1）理论求解。根据给定的函数值构造差商表（见表1.4）。

表1.4 差商表（表1.2中数据）

x	e^x	一阶差商	二阶差商	三阶差商	四阶差商
0.1	1.105171				
0.2	1.221403	1.16232			

续表

x	e^x	一阶差商	二阶差商	三阶差商	四阶差商
0.3	1.349859	1.28456	0.611200		
0.4	1.491825	1.41966	0.675500	0.214333	
0.5	1.648721	1.56896	0.746500	0.236667	0.055833

故四次牛顿插值多项式为

$$N_4(x)=1.105171+1.16232(x-0.1)+0.6112(x-0.1)(x-0.2)+$$
$$0.214333(x-0.1)(x-0.2)(x-0.3)+$$
$$0.055833(x-0.1)(x-0.2)(x-0.3)(x-0.4)$$

于是

$$f(0.27)\approx N_4(0.27)\approx 1.30996$$

（2）程序实现。Python 程序代码如下：

```
import math
"""
函数：difference_quotient()
功能：函数差商的计算
参数：x 为原始数据点
返回值：插值函数的系数
"""
def difference_quotient(x=None):
    if x is None:
        x = list()
    if len(x) < 2:
        raise ValueError('X\'s length must be bigger than 2')
    ans = 0
    for i in range(len(x)):
        temp = 1.0
        for j in range(len(x)):
            if j == i:
                continue
            temp *= (x[i] - x[j])
        ans += (f(x[i]) / temp)
    return ans
"""
函数：Calculate()
功能：计算牛顿插值公式的值
参数：data_x 为原始数据的横坐标，x 为用于牛顿插值函数计算的不定值
返回值：经牛顿插值公式计算后的值
"""
```

```
def Calculate(data_x, x):
    ans = f(data_x[0])
    if len(data_x) == 1:
        return ans
    else:
        temp = 1
        for i in range(len(data_x) - 1):
            temp *= (x - data_x[i])
         ans += difference_quotient(data_x[:i + 2]) * temp
        return ans
"""
函数: f()
设置所需插值的原函数
"""
def f(x):
    return math.exp(x)
#计算插值余项（误差）
X = [0.1,0.2, 0.3,0.4,0.5]#一次插值节点
Y = [1.105171, 1.221403, 1.349859, 1.491825, 1.648721]
point = 0.27
fitted = Calculate(X, point)
real = f(point)  # 函数真实值
xx = [point] + X  # 在列表首位添加point值
f_n = difference_quotient(xx[:])
w = []
for num in range(len(X)):
   w.append(point - X[num])
Remainder = f_n
for num in range(len(X)):
   Remainder *= w[num]
print('点 {0} 处的真实值为{1}'.format(point, real), '\n')
print('点 {0} 处，四次牛顿插值结果为{1}'.format(point, fitted))
print('牛顿插值余项为{1}'.format(point, Remainder), '\n')
```

输出结果如下：

```
点 0.27 处的真实值为1.3099644507332473


点 0.27 处，四次牛顿插值结果为1.3099645703512532
牛顿插值余项为-1.1961800586542277e-07
```

3. 分段插值法

1）基本原理

根据区间$[a,b]$上给定的节点构造插值多项式$L_n(x)$，当$L_n(x)$近似$f(x)$时，并不是$L_n(x)$的次数越高，近似的精度就越好。对于插值节点以外的任意节点，当$n \to \infty$时，$L_n(x)$不一定收敛于$f(x)$。著名的龙格（Runge）现象恰恰说明了这一点，下面通过例 1.3 具体阐述。

例 1.3 对函数$f(x)=\dfrac{1}{1+x^2}$，在区间$[-5,5]$上取等距节点构造插值多项式。

当$n=10$时，图 1.1 所示为插值多项式$L(x)$对真实函数$\dfrac{1}{1+x^2}$的逼近效果图（本章横坐标为x的取值，纵坐标为x对应的函数值）。

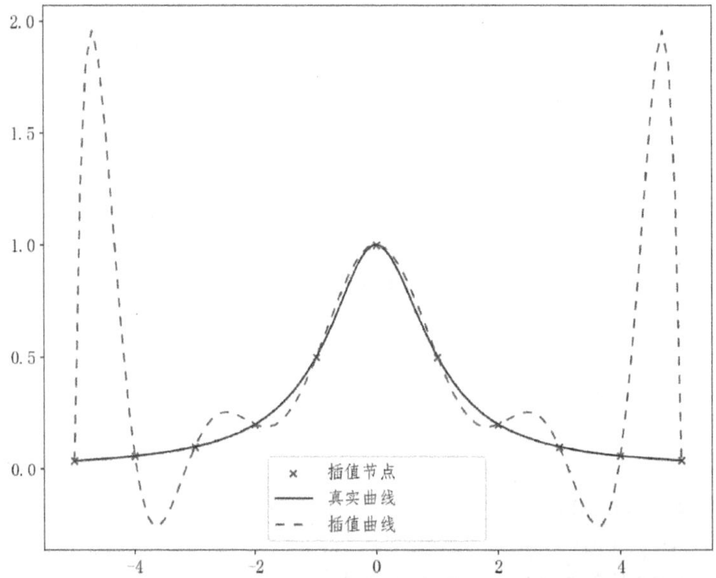

图 1.1 插值多项式$L(x)$对真实函数$\dfrac{1}{1+x^2}$的逼近效果图

从图 1.1 中可以看出，插值函数在靠近区间端点±5 时振荡剧烈。例如，在$x=4.5$处，真实值为 0.0471，而插值函数值为 1.5787。在实际应用中，这种逼近效果显然不合适，通常可以采用分段低次插值解决这一问题，如将各个节点的函数值直接用折线连接起来，逼近效果比高次的$L_n(x)$要好得多。下面主要介绍分段线性插值和分段三次插值。

（1）分段线性插值。

分段线性插值是用折线直接连接插值节点来逼近$f(x)$的。已知节点$a=x_0<x_1<\cdots<x_n=b$上的函数值$f_0,f_1,\cdots,f_n$，称满足下列条件的$I_h(x)$为分段线性插值函数：$I_h(x)\in C[a,b]$；$I_h(x_k)=f_k(k=0,1,\cdots,n)$；$I_h(x)$在每个小区间$[x_k,x_{k+1}]$上都是

线性的，在每个小区间$[x_k, x_{k+1}]$上$I_h(x)$可表示为

$$I_h(x) = \frac{x - x_{k+1}}{x_k - x_{k+1}} f_k + \frac{x - x_k}{x_{k+1} - x_k} f_{k+1}, \quad x_k < x < x_{k+1}$$

若用插值基函数表示，则$I_h(x)$在整个区间$[a,b]$上可表示为

$$I_h(x) = \sum_{j=0}^{n} f_j l_j(x) \tag{1.13}$$

其中，基函数$l_j(x)$满足$l_j(x_k) = \delta_{jk}(j,k = 0,1,\cdots,n)$，形式如下：

$$l_j(x) = \begin{cases} \dfrac{x - x_{j-1}}{x_j - x_{j-1}}, & x_{j-1} \leqslant x \leqslant x_j \ (j \neq 0) \\ \dfrac{x - x_{j+1}}{x_j - x_{j+1}}, & x_j \leqslant x \leqslant x_{j+1} \ (j \neq n) \\ 0, & x \in [a,b] \text{且} x \notin [x_{j-1}, x_{j+1}] \end{cases} \tag{1.14}$$

分段线性插值基函数$l_j(x)$只在x_j附近不为零，在其他地方均为零。

（2）分段三次插值。

分段线性插值函数$I_h(x)$的导数是间断的，光滑程度不够。如果在节点$x_k(k = 0,1,\cdots,n)$上既给出函数值f_k，又给出导数值$f_k' = m_k(k = 0,1,\cdots,n)$，就可以构造一个导数连续的分段插值函数$I_h(x)$，其满足以下条件：$I_h(x) \in C^1[a,b]$；$I_h(x_k) = f_k; I_h'(x_k) = f_k'(k = 0,1,\cdots,n)$；$I_h(x)$在每个小区间$[x_k, x_{k+1}]$上是三次多项式。

每个小区间上的两点三次插值多项式的一般形式为

$$H_3(x) = y_k \alpha_k(x) + y_{k+1} \alpha_{k+1}(x) + m_k \beta_k(x) + m_{k+1} \beta_{k+1}(x) \tag{1.15}$$

余项的一般形式为

$$R_3(x) = f(x) - H_3(x) = \frac{1}{4} f(4)(\xi)(x - x_k)^2 (x - x_{k+1})^2$$

其中

$$\begin{cases} \alpha_k(x) = \left(1 + 2\dfrac{x - x_k}{x_{k+1} - x_k}\right)\left(\dfrac{x - x_{k+1}}{x_k - x_{k+1}}\right)^2 \\ \alpha_{k+1}(x) = \left(1 + 2\dfrac{x - x_{k+1}}{x_k - x_{k+1}}\right)\left(\dfrac{x - x_k}{x_{k+1} - x_k}\right)^2 \end{cases}, \quad \begin{cases} \beta_k(x) = (x - x_k)\left(\dfrac{x - x_{k+1}}{x_k - x_{k+1}}\right)^2 \\ \beta_{k+1}(x) = (x - x_{k+1})\left(\dfrac{x - x_k}{x_{k+1} - x_k}\right)^2 \end{cases}$$

若在整个区间$[a,b]$上定义一组分段三次插值基函数$\alpha_j(x), \beta_j(x)(j = 0,1,\cdots,n)$，则$I_h(x)$可表示为

$$I_h(x) = \sum_{j=0}^{n} \left[f_j \alpha_j(x) + f_j' \beta_j(x) \right] \tag{1.16}$$

其中

$$\alpha_j(x)=\begin{cases}\left(\dfrac{x-x_{j-1}}{x_j-x_{j-1}}\right)^2\left(1+2\dfrac{x-x_j}{x_{j-1}-x_j}\right), & x_{j-1}\leqslant x\leqslant x_j\ (j\neq 0)\\ \left(\dfrac{x-x_{j+1}}{x_j-x_{j+1}}\right)^2\left(1+2\dfrac{x-x_j}{x_{j+1}-x_j}\right), & x_j\leqslant x\leqslant x_{j+1}\ (j\neq n)\\ 0, & \text{其他}\end{cases} \tag{1.17}$$

$$\beta_j(x)=\begin{cases}\left(\dfrac{x-x_{j-1}}{x_j-x_{j-1}}\right)^2(x-x_j), & x_{j-1}\leqslant x\leqslant x_j\ (j\neq 0)\\ \left(\dfrac{x-x_{j+1}}{x_j-x_{j+1}}\right)^2(x-x_j), & x_j\leqslant x\leqslant x_{j+1}\ (j\neq n)\\ 0, & \text{其他}\end{cases} \tag{1.18}$$

由 $\alpha_j(x),\beta_j(x)$ 的局部非零性质可知，当 $x\in[x_k,x_{k+1}]$ 时，只有 $\alpha_k(x),\alpha_{k+1}(x)$，$\beta_k(x),\beta_{k+1}(x)$ 不为零，于是 $I_h(x)$ 可表示为

$$I_h(x)=f_k\alpha_k(x)+f_{k+1}\alpha_{k+1}(x)+f_k'\beta_k(x)+f_{k+1}'\beta_{k+1}(x),\quad x_k\leqslant x\leqslant x_{k+1} \tag{1.19}$$

2）算法步骤

（1）分段线性插值。

① 输入初始数据 $x_k, f_k(k=0,1,\cdots,n)$。

② 根据式（1.14）计算插值基函数 $l_j(x)$。

③ 根据式（1.13）计算 $I_h(x)$ 在若干节点上的值并输出结果。

（2）分段三次插值。

① 输入初始数据 $x_k, f_k(k=0,1,\cdots,n)$。

② 根据式（1.17）和式（1.18）计算插值基函数 $\alpha_j(x),\beta_j(x)$。

③ 根据式（1.19）计算 $I_h(x)$ 在若干节点上的值并输出结果。

4. 样条插值法

1）基本原理

上面讨论的分段低次插值函数都具有一致收敛性，但光滑性较差。很多实际问题要求有二阶光滑度，即有二阶连续导数，样条插值恰好符合这个条件。本节只讨论较为常用的三次样条插值函数。

定义 1.4 若函数$S(x)\in C^2[a,b]$，且对于给定节点$a=x_0<x_1<\cdots<x_n=b$，在每个小区间$\left[x_j,x_{j+1}\right]$上都是三次多项式，满足

$$S\left(x_j\right)=y_j,\ j=0,1,\cdots,n \tag{1.20}$$

则称$S(x)$是节点$x_0,x_1,\cdots,x_n$上的三次样条插值函数。

三次样条插值在内部节点处通过以下条件保证二阶连续导数的光滑性：

$$S(x_j-0)=S(x_j+0)\text{，}\ S'(x_j-0)=S'(x_j+0)\text{，}\ S''(x_j-0)=S''(x_j+0) \tag{1.21}$$

另外，为了确定样条函数的具体形式，常需要以下几种边界条件。

（1）已知两端的一阶导数值：

$$\begin{cases}S'\left(x_0\right)=f_0'\\ S'\left(x_n\right)=f_n'\end{cases} \tag{1.22}$$

（2）已知两端的二阶导数值：

$$\begin{cases}S''\left(x_0\right)=f_0''\\ S''\left(x_n\right)=f_n''\end{cases} \tag{1.23}$$

当为自然边界条件时：

$$S''\left(x_0\right)=S''\left(x_n\right)=0 \tag{1.24}$$

（3）当$f(x)$是以x_n-x_0为周期的周期函数时，要求$S(x)$也是周期函数，满足

$$\begin{cases}S\left(x_0+0\right)=S\left(x_n-0\right)\\ S'\left(x_0+0\right)=S'\left(x_n-0\right)\\ S''\left(x_0+0\right)=S''\left(x_n-0\right)\end{cases} \tag{1.25}$$

此时，式（1.20）中的$y_0=y_n$。这样确定的样条函数为周期样条函数。

现在构造满足条件式（1.20）及相应边界条件的三次样条插值函数$S(x)$的表达式。假设$S'(x)$在x_j处的值为m_j，则

$$S(x)=\sum_{j=0}^{n}\left[y_j\alpha_j(x)+m_j\beta_j(x)\right] \tag{1.26}$$

其中，$\alpha_j(x),\beta_j(x)$是式（1.17）和式（1.18）的插值基函数。实际上，式（1.26）中的$m_j(j=0,1,\cdots,n)$是未知的，可以通过边界条件及式（1.27）来确定。

$$S''\left(x_j-0\right)=S''\left(x_j+0\right),\ j=1,2,\cdots,n-1 \tag{1.27}$$

根据不同的边界条件，我们可以得到相应的求$m_j(j=0,1,\cdots,n)$的方程组。如果边界条件是式（1.22），则用矩阵形式表示方程组，可以得到

$$
\begin{pmatrix} 2 & \mu_1 & 0 & \cdots & 0 \\ \lambda_2 & 2 & \mu_2 & \ddots & \vdots \\ 0 & \lambda_3 & \ddots & \ddots & 0 \\ \vdots & \ddots & \ddots & 2 & \mu_{n-2} \\ 0 & \cdots & 0 & \lambda_{n-1} & 2 \end{pmatrix} \begin{pmatrix} m_1 \\ m_2 \\ \vdots \\ m_{n-2} \\ m_{n-1} \end{pmatrix} = \begin{pmatrix} g_1 - \lambda_1 f_0' \\ g_2 \\ \vdots \\ g_{n-2} \\ g_{n-1} - u_{n-1} f_n' \end{pmatrix} \tag{1.28}
$$

其中

$$
\mu_j = \frac{h_{j-1}}{h_{j-1}+h_j}，\ \lambda_j = \frac{h_j}{h_{j-1}+h_j}，\ h_j = x_{j+1} - x_j
$$

$$
g_j = 3\left(\lambda_j f\left[x_{j-1}, x_j\right] + \mu_j f\left[x_j, x_{j+1}\right]\right)，\ j = 1,2,\cdots,n-1
$$

若边界条件是式（1.23），则

$$
\begin{cases} 2m_0 + m_1 = 3f\left[x_0, x_1\right] - \dfrac{h_0}{2} f_0'' = g_0 \\ m_{n-1} + 2m_n = 3f\left[x_{n-1}, x_n\right] + \dfrac{h_{n-1}}{2} f_n'' = g_n \end{cases}
$$

若边界条件是式（1.24），则

$$
\begin{cases} 2m_0 + m_1 = 3f\left[x_0, x_1\right] = g_0 \\ m_{n-1} + 2m_n = 3f\left[x_{n-1}, x_n\right] = g_n \end{cases}
$$

此时矩阵形式为

$$
\begin{pmatrix} 2 & 1 & 0 & \cdots & 0 \\ \lambda_1 & 2 & \mu_1 & \ddots & \vdots \\ 0 & \ddots & \ddots & \ddots & 0 \\ \vdots & \ddots & \lambda_{n-1} & 2 & \mu_{n-1} \\ 0 & \cdots & 0 & 1 & 2 \end{pmatrix} \begin{pmatrix} m_0 \\ m_1 \\ \vdots \\ m_{n-1} \\ m_n \end{pmatrix} = \begin{pmatrix} g_0 \\ g_1 \\ \vdots \\ g_{n-1} \\ g_n \end{pmatrix} \tag{1.29}
$$

若边界符合周期性条件式（1.25），则

$$
\begin{pmatrix} 2 & \mu_1 & 0 & \cdots & 0 \\ \lambda_2 & 2 & \mu_2 & \ddots & \vdots \\ 0 & \lambda_3 & \ddots & \ddots & 0 \\ \vdots & \ddots & \ddots & 2 & \mu_{n-1} \\ 0 & \cdots & 0 & \lambda_n & 2 \end{pmatrix} \begin{pmatrix} m_1 \\ m_2 \\ \vdots \\ m_{n-1} \\ m_n \end{pmatrix} = \begin{pmatrix} g_1 \\ g_2 \\ \vdots \\ g_{n-1} \\ g_n \end{pmatrix} \tag{1.30}
$$

在式（1.28）、式（1.29）和式（1.30）中，每个方程都与 3 个 $m_j(j=0,1,\cdots,n)$ 有关，m_j 在力学上的物理意义为斜梁在 x_j 截面处的转角，因此称之为三转角方程。这些方程的系数矩阵都是强对角矩阵，且具有唯一解，可运用追赶法求解，然后得到 $S(x)$。

除了三转角方程，有时也用 $S''(x)=M_j(j=0,1,\cdots,n)$ 来表示 $S(x)$，对应的求 M_j 的方程组称为三弯矩方程。它的求解过程与三转角的求解过程类似。

2）算法步骤

（1）输入初始数据 $x_j, y_j (j = 0,1,\cdots,n)$，$f'_0, f'_n$。

（2）对 j=1,…,n−1 计算 h_j 和 $f\left[x_j, x_{j+1}\right]$。

（3）对 j=1,…,n−1 计算 λ_j 和 μ_j。

（4）用追赶法求解方程，求出 $m_j (j = 0,1,\cdots,n)$。

（5）计算 $S(x)$ 的系数或计算 $S(x)$ 在若干节点上的值并输出结果。

5. Python 库函数求解

Python 的 scipy. interpolate 模块提供了函数 lagrange、numpy.interp、interp1d（插值一维函数）、interp2d（在二维网格上插值）、interpn（规则网格上的多维插值）。

1）lagrange

lagrange 求解拉格朗日插值多项式。其调用格式如下：

```
scipy.interpolate.lagrange(x,y)
```

输入参数如下。

x：数据点的 x 坐标。

y：数据点的 y 坐标。

求解表 1.2 所示数据对应的插值多项式的代码如下：

```
import numpy as np
import sympy as sp
from scipy.interpolate import lagrange
x = np.linspace(0.1,0.5,5)
y = np.exp(x)
poly = lagrange(x, y)
poly
```

输出结果如下：

```
poly1d([0.05633793, 0.15793396, 0.50236561, 0.99970827, 1.00001287])
```

进一步计算该多项式在 0.27 处的值：

```
p=np.poly1d([0.05633793, 0.15793396, 0.50236561, 0.99970827, 1.00001287])
p(0.27)
```

输出结果如下：

```
1.3099645728622513
```

2）numpy.interp

numpy.interp 实现分段线性插值，其调用格式如下：

```
numpy.interp(x, xp, fp, left=None, right=None, period=None)
```

输入参数如下。

x：待求的 x 坐标。

xp：插值数据点的 x 坐标。

fp：插值数据点的 y 坐标。

left：对应于 fp 值的可选浮点数或复数。当 x < xp[0]时的返回值默认为 fp[0]。

right：对应于 fp 值的可选浮点数或复数。当 x > xp[−1]时的返回值默认为 fp[−1]。

period：可选参数，指定 x 坐标的周期。若指定 period，则忽略参数 left 和 right。

返回 y：插值 y 坐标，与 x 的长度相同。

求解例 1.3 的分段线性插值代码如下：

```
import numpy as np
import matplotlib.pyplot as plt
x=np.linspace(-5, 5, 11)
y =1 / (pow(x, 2) + 1)
xvals = np.linspace(-5, 5, 11)
yinterp = np.interp(xvals, x, y)
plt.plot(x, y, 'o')
plt.plot(xvals, yinterp)
plt.show()
```

求解例 1.3 的分段线性插值的输出结果如图 1.2 所示。

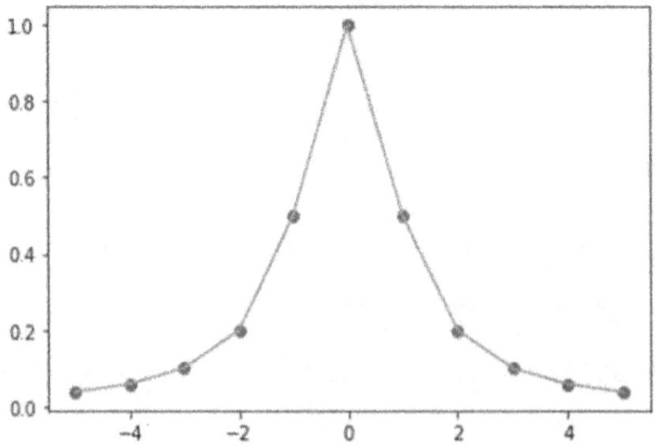

图 1.2　求解例 1.3 的分段线性插值的输出结果

3）interp1d

interp1d 实现一维插值。其调用格式如下：

```
scipy.interpolate.interp1d (x, y, kind='linear', axis=-1, copy=True,
bounds_error=None, fill_value=nan, assume_sorted=False)
```

主要的输入参数如下。

x：一维插值的 x 坐标。

y：一维插值的 y 坐标。

kind：字符串必须是'linear' 'nearest' 'nearest-up' 'zero' 'slinear' 'quadratic' 'cubic' 'previous' 'next'之一。'zero' 'slinear' 'quadratic' 'cubic'分别指零阶、一阶、二阶、三阶的样条插值；'previous' 'next'分别指简单地返回该点的上一个值、下一个值；'nearest-up'和'nearest' 在插值 half-integers（如 0.5、1.5）时有所不同，因为'nearest-up'为向上取整，而'nearest'为向下取整。默认为'linear'。

axis：int 可选，指定沿其进行插值的 y 轴。

copy：布尔型，可选。若为 True，则该类制作 x 和 y 的内部副本。若为 False，则使用对 x 和 y 的引用。

bounds_error：布尔型，可选。若为 True，则在任何时候尝试对 x 范围之外的值进行插值时都会引发 ValueError（需要外插）。若为 False，则分配超出范围的值 fill_value 。

fill_value：提供的值将用于填充数据范围之外的请求点。

assume_sorted：布尔型，可选。若为 False，则 x 的值可以是任何顺序。若为 True，则 x 必须是一个单调递增的数组。

求解例 1.3 的样条插值代码如下：

```
import numpy as np
from scipy import interpolate
import matplotlib.pyplot as plt
import matplotlib
matplotlib.rcParams['font.sans-serif'] = ['FangSong']
matplotlib.rcParams['axes.unicode_minus'] = False
plt.figure(figsize=(10,8),dpi=150)
plt.rcParams.update({'font.size': 20})

plt.figure(figsize=(15,15))
x = np.linspace(-5,5,11)
y = 1 / (x ** 2 + 1)
f1 = interpolate.interp1d(x, y,kind='zero')
f2 = interpolate.interp1d(x, y,kind='slinear')
f3 = interpolate.interp1d(x, y,kind='cubic')
xnew = np.linspace(-5,5,101)
ynew1 = f1(xnew)
ynew2 = f2(xnew)
ynew3 = f3(xnew)
```

```
plt.plot(x, y, 'o',label="插值节点")
plt.plot(xnew, ynew1,'r',linestyle='dashdot',label="零阶样条插值")
plt.plot(xnew, ynew2,'g',marker='^',linestyle='--',label="一阶样条插值")
plt.plot(xnew, ynew3,'b',label="三阶样条插值")
plt.legend()
plt.show()
```

求解例 1.3 的样条插值的输出结果如图 1.3 所示。

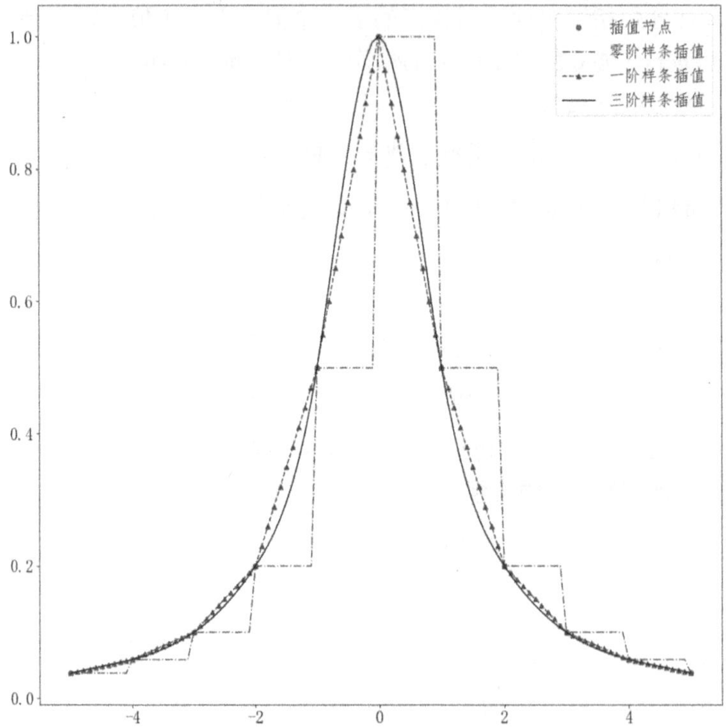

图 1.3　求解例 1.3 的样条插值的输出结果

4）interp2d

interp2d 实现二维插值。其调用格式如下：

```
scipy.interpolate.interp2d(x, y, z, kind='linear', copy=True, bounds
_error=False, fill_value=None)
```

主要的输入参数如下。

x,y：定义数据点坐标的数组。如果这些点位于规则网格上，那么 x 可以指定列坐标，y 可以指定行坐标。否则，x 和 y 必须指定每个点的完整坐标。

z：二维插值数据点处的函数值。

kind：插值类型为{'linear' 'cubic' 'quintic'}，可选。默认为'linear'。

其他参数类似 interp1d 中的说明。

例 1.4　对 $z = x^2 + y^2$ 在二维网格上进行插值。其求解代码如下：

```
import numpy as np
import sympy as sp
from scipy import interpolate
import matplotlib.pyplot as plt
from mpl_toolkits.mplot3d import Axes3D
fig = plt.figure(figsize=(15, 15))
x = np.arange(-5, 5, 0.25)
y = np.arange(-5, 5, 0.25)
xx, yy = np.meshgrid(x, y)
z = xx**2+yy**2
f = interpolate.interp2d(x, y, z)
#用 f 对 x1、y1 进行插值，得到最终的 z1
x1 = np.arange(-5, 5, 1e-2)
y1 = np.arange(-5, 5, 1e-2)
X,Y=np.meshgrid(x1, y1)
z1 = f(x1, y1)
ax = fig.add_subplot(projection='3d')
surf = ax.plot_surface(X, Y, z1)
```

求解例 1.4 在二维网格上进行插值的输出结果如图 1.4 所示。

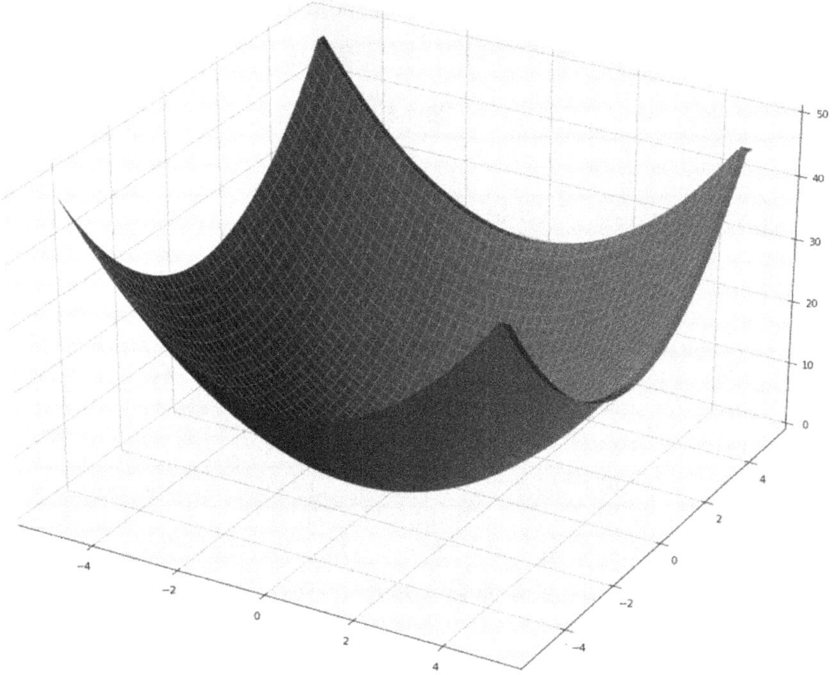

图 1.4　求解例 1.4 在二维网格上进行插值的输出结果

5）interpn

interpn 可实现规则或直线网格上的多维插值。严格地说，其并不是所有的规则网格都支持。这个函数适用于直线网格，即间距均匀或不均匀的矩形网格。其调用格式如下：

```
scipy.interpolate.interpn(points, values, xi, method='linear', bounds_error=
True, fill_value=nan)
```

四、巩固训练

1. 飞机机翼问题。随着全球经济水平的逐渐提高，飞机已经成为人们常用的交通工具之一，机翼是飞机的重要组成部分，它能提供升力以支持飞机在空中飞行，因此机翼的加工技术是一项关键技术。由于机翼尺寸非常大，因此在设计时只能在图纸上标出一些关键点的数据。现给出某飞机机翼的下缘轮廓线的数据（见表 1.5），求 x 每改变 0.5m 时 y 的值。

表 1.5　某飞机机翼的下缘轮廓线的数据

x/m	0	3	5	7	9	11	12	13	14	15
y/m	0	1.2	1.7	2.0	2.1	2.0	1.8	1.2	1.0	1.6

2. 等高线图问题。要在某山区方圆 27km^2 范围内修建一条盘山公路，从山脚下出发经过一个居民区再到一个矿区。纵向、横向分别每隔 400m 测量一次，得到一些地点的高程（平面区域 $0 \leqslant x \leqslant 5600\text{m}, 0 \leqslant y \leqslant 4800\text{m}$），要建公路首先要绘出该山区的地貌图和等高线图，请利用二维插值作图。等高线数据如表 1.6 所示。

表 1.6　等高线数据

y/m	x/m							
	1200	1600	2000	2400	2800	3200	3600	4000
1200	1130	1250	1280	1230	1040	900	500	700
1600	1320	1450	1420	1400	1300	700	900	850
2000	1390	1500	1500	1400	900	1100	1060	950
2400	1500	1200	1100	1350	1450	1200	1150	1010
2800	1500	1200	1100	1550	1600	1550	1380	1070
3200	1500	1550	1600	1550	1600	1600	1600	1550
3600	1480	1500	1550	1510	1430	1300	1200	980

3. 工程勘探问题。根据沈阳市地铁十号线工程中长青桥站—浑南大道站区间的岩土工程勘察报告，选取钻孔测斜数据（即开孔坐标），如表 1.7 所示，试运用三维插值法绘制三维立体图形。

表 1.7 开孔坐标数据

开孔点	开孔坐标 1/m	开孔坐标 2/m	开孔坐标 3/m
1	714.91	703.18	45.7
2	754.13	655.83	44.82
3	765.28	520.33	39.01
4	801.79	473.53	38.87
5	812.77	344.11	38.72
6	844.9	307.65	37.1
7	859.17	173.69	45.58
8	894.93	141.3	44.66
9	694.84	777.42	46.45
10	731.58	750.76	45.28
11	741.67	609.25	38.86
12	774.75	574.72	39.32
13	790.78	424.28	39.06
14	822.49	393.41	38.6
15	835.88	260.06	40.13
16	869.05	222.33	45.92
17	883.76	80.47	45.44

五、拓展阅读

1．插值法

我国关于插值法的研究历史悠久，大约公元前 1 世纪成书的《周髀算经》是我国最古老的算数著作，该书下卷中关于二十四节气的计算方法就是采用的一次插值法。《周髀算经》一书中实测了夏至和冬至，其他节气均由“凡八节二十四气，气损益九寸九分、六分分之一。冬至晷长一丈三尺五寸，夏至晷长一尺六寸。问次节损益寸数长短各几何？”推出的等间距一次插值公式计算而来。书中二十四节气日的中午八尺标杆的影长都是用这个方法推算出来的。

东汉末年，刘洪在《乾象历》中首次创造了推算定朔定望时刻的公式。东汉初期的天文学家观察到月球运行的速度并不是匀速的，而刘洪测出了一个近月点每天运行的度数，并应用一次插值公式算出了朔望月日数。后来，杨伟也推算出了朔望月日数，但远不如刘洪用一次插值公式计算得准确。南北朝时期，何承天也曾运用刘洪的一次插值公式计算月行度数，他还首创了“调日法”来计算近似值，比欧洲早 10 个世纪。

隋朝刘焯在《皇极历》中已将等间距二次插值用于天文计算。郭守敬在编写《授时历》时解决了等间距三次插值问题，朱世杰于 1303 年在《四元玉鉴》中给出了四次插值公式。400 多年后，牛顿插值法、拉格朗日插值法才相继被提出。

2. 北斗

插值法在卫星导航系统中发挥着重要作用。通过广播星历或精密星历，结合插值法等方法能够得到卫星的实时坐标，从而向用户提供准确的位置服务。

自古以来，北斗七星就是华夏祖先辨别方向的指路明灯。只有找到北斗七星才能在群星灿烂的夜空中找到永远在正北方向的北极星，辨明方向。1994 年，我国的北斗一号系统建设正式启动。2000 年，我国发射两颗地球静止轨道卫星，至此北斗一号系统组建完成。2003 年，我国发射第 3 颗卫星，实现有源定位。我国成为继美国、俄罗斯后的第 3 个拥有卫星导航系统的国家。2004 年，我国启动北斗二号系统建设，直到 2012 年年底，建成了 14 颗卫星的组网系统，实现了无源定位体制。2020 年 6 月 23 日，第 55 颗导航卫星顺利升空，全面建成北斗三号系统，实现信号全球覆盖。2020 年 7 月 31 日，我国向世界宣布，自主建设独立运用的北斗三号全球卫星导航系统正式开通。在“共和国勋章”获得者孙家栋等科学家的带领下，几代北斗人无私奉献、艰苦奋斗、自强不息，展现了中国实现高水平科技自立自强的志气和骨气，展现了胸怀天下、立己达人的中国担当。

如今，北斗导航系统在精度、通信等方面已经超越了美国的 GPS 系统。在交通运输、气象预报、应急救灾、地理测绘、电力通信、智慧城市、国防安全等领域，北斗导航系统已经惠及人民生产生活的各个方面。我国秉承自主、开放、兼容、渐进的原则，践行“中国的北斗，世界的北斗”发展理念，已经与世界 130 多个国家签署了关于北斗导航系统的合作协议，积极推进国际合作。我国北斗导航系统开启高质量服务全球、造福人类的崭新篇章。

第二章

曲线拟合

曲线拟合和插值法是计算方法中常用的两种函数逼近方法。在实际问题中，测量值本身往往就带有误差且数据量大，因此采用插值法的计算量便会增加，且效果有时并不理想，而解决这类问题可以使用曲线拟合。采用曲线拟合的目的是寻找一个简单函数，使得该曲线与给定的复杂函数或给定的数据点在某一准则下最为接近，即曲线拟合得最好。比如，统计中常用的回归分析，人工智能领域的神经网络等都涉及曲线拟合。本章主要介绍的拟合方法为最佳平方逼近和最小二乘拟合。

一、学习目标

掌握最佳平方逼近和最小二乘拟合的算法原理、算法步骤及 Python 实现过程；了解正交多项式、非线性最小二乘和傅里叶变换。

二、案例引导

炼钢的目的是把钢液中的碳去掉，而钢液冶炼时间的长短与含碳量有直接的关系。表 2.1 所示为通过实验得到的冶炼时间 y 与钢液含碳量 x 的一组数据。求冶炼时间 y 与钢液含碳量 x 的关系。

表 2.1　冶炼时间 y 与钢液含碳量 x 的关系

x/0.01%	165	123	150	123	141
y/min	187	126	172	125	148

三、知识链接

1．正交多项式

定义 2.1 在 $[a,b]$ 上的非负函数 $\omega(x)$ 满足以下条件：① $\int_a^b x^k\omega(x)\mathrm{d}x$ 对 $k=0,1,\cdots$ 都存在；②对任一非负函数 $f(x)\in C[a,b]$，若 $\int_a^b f(x)\omega(x)\mathrm{d}x=0$，则 $f(x)\equiv 0$，称 $\omega(x)$ 为 $[a,b]$ 上的权函数。

定义 2.2 设$\varphi_n(x)$是首项系数$a_n \neq 0$的n次多项式，如果多项式序列$\varphi_0(x),\varphi_1(x),\cdots$满足

$$(\varphi_j,\varphi_k)=\int_a^b \omega(x)\varphi_j(x)\varphi_k(x)\mathrm{d}x=\begin{cases}0, & j\neq k\\ A_k>0, & j=k\end{cases} \quad (j,k=0,1,\cdots) \tag{2.1}$$

那么称多项式$\varphi_0(x),\varphi_1(x),\cdots$在区间$[a,b]$上带权$\omega(x)$正交，并称$\varphi_n(x)$是区间$[a,b]$上带权$\omega(x)$的$n$次正交多项式。

一般地，当权函数$\omega(x)$及区间$[a,b]$给定后，可以由线性无关的一组基$\{1,x,x^2,\cdots,x^n,\cdots\}$利用正交化方法构造出正交多项式：

$$\varphi_0(x)=1,\ \varphi_n(x)=x^n-\sum_{k=0}^{n-1}\frac{(x^n,\varphi_k)}{(\varphi_k,\varphi_k)}\cdot\varphi_k(x),\ n=1,2,\cdots$$

下面介绍常用的正交多项式——勒让德（Legendre）多项式。在区间$[-1,1]$上，当权函数$\omega(x)$=1时，称正交多项式

$$\begin{cases}P_0(x)=1\\ P_n(x)=\dfrac{1}{2^n n!}\dfrac{\mathrm{d}^n}{\mathrm{d}x^n}(x^2-1)^n,\ n\geqslant 1\end{cases}$$

为勒让德多项式。

可以证明，勒让德多项式满足以下递推关系：

$$(n+1)P_{n+1}(x)=(2n+1)xP_n(x)-nP_{n-1}(x)$$

具体地，由$P_0(x)=1$，$P_1(x)=x$可求得

$$P_2(x)=(3x^2-1)/2,\ P_3(x)=(5x^3-3x)/2,\ \cdots$$

2．最佳平方逼近

1）基本原理

本小节研究在区间$[a,b]$上的最佳平方逼近问题。对$f(x)\in C[a,b]$及$C[a,b]$中的一个子集$\varPhi=\mathrm{span}\{\varphi_0(x),\varphi_1(x),\cdots,\varphi_n(x)\}$，其中$\varphi_0(x),\varphi_1(x),\cdots,\varphi_n(x)$是子集$\varPhi$的一组基。若存在$S^*(x)\in\varPhi$，使

$$\begin{aligned}\|f(x)-S^*(x)\|_2^2&=\min_{S(x)\in\varPhi}\|f(x)-S(x)\|_2^2\\&=\min_{S(x)\in\varPhi}\int_a^b\omega(x)[f(x)-S(x)]^2\mathrm{d}x\end{aligned} \tag{2.2}$$

则称$S^*(x)$是$f(x)$在子集$\varPhi\subset C[a,b]$中的最佳平方逼近函数。

为了求最佳平方逼近函数$S^*(x)$，由式（2.2）可知，该问题等价于求多元函数

$$I(a_0,a_1,\cdots,a_n)=\int_a^b \omega(x)\left[\sum_{j=0}^{n}a_j\varphi_j(x)-f(x)\right]^2\mathrm{d}x \tag{2.3}$$

的最小值。$I(a_0,a_1,\cdots,a_n)$是关于$a_0,a_1,\cdots,a_n$的二次函数，可得

$$\frac{\partial I}{\partial a_k}=2\int_a^b \omega(x)\left[\sum_{j=0}^{n}a_j\varphi_j(x)-f(x)\right]\varphi_k(x)\mathrm{d}x=0,\quad k=0,1,\cdots,n$$

于是有

$$\sum_{j=0}^{n}(\varphi_k,\varphi_j)a_j=(f,\varphi_k),\quad k=0,1,\cdots,n \tag{2.4}$$

显然，这是关于$a_0,a_1,\cdots,a_n$的线性方程组，称之为法方程。记$d_k\equiv(f,\varphi_k)$，$k=0,1,\cdots,n$，法方程的矩阵形式为

$$\boldsymbol{Ga}=\boldsymbol{d} \tag{2.5}$$

其中，$\boldsymbol{a}=(a_0,a_1,\cdots,a_n)^{\mathrm{T}}$；$\boldsymbol{d}=(d_0,d_1,\cdots,d_n)^{\mathrm{T}}$；

$$\boldsymbol{G}=\begin{pmatrix}(\varphi_0,\varphi_0) & (\varphi_0,\varphi_1) & \cdots & (\varphi_0,\varphi_n)\\ (\varphi_1,\varphi_0) & (\varphi_1,\varphi_1) & \cdots & (\varphi_1,\varphi_n)\\ \vdots & \vdots & & \vdots\\ (\varphi_n,\varphi_0) & (\varphi_n,\varphi_1) & \cdots & (\varphi_n,\varphi_n)\end{pmatrix}$$

由于$\varphi_0(x),\varphi_1(x),\cdots,\varphi_n(x)$线性无关，故系数行列式$\det\boldsymbol{G}(\varphi_0,\varphi_1,\cdots,\varphi_n)\neq 0$，式(2.5)有唯一解，从而可得到最佳平方逼近函数：

$$S^*(x)=a_0^*\varphi_0(x)+a_1^*\varphi_1(x)+\cdots+a_n^*\varphi_n(x)$$

情形一：取$\varphi_k=x^k$，$\omega(x)\equiv 1$，$f(x)\in C(0,1)$，则n次最佳平方逼近多项式形式为

$$S^*(x)=a_0^*+a_1^*x+\cdots+a_n^*x^n$$

此时，

$$(\varphi_j,\varphi_k)=\int_0^1 x^{k+j}\mathrm{d}x=\frac{1}{k+j+1}$$

$$(f,\varphi_k)=\int_0^1 f(x)x^k\mathrm{d}x\equiv d_k$$

用$\boldsymbol{H}$表示法方程（2.5）中$\boldsymbol{G}(1,x,x^2,\cdots,x^n)$对应的矩阵，则

$$\boldsymbol{H}=\begin{pmatrix}1 & 1/2 & \cdots & 1/(n+1)\\ 1/2 & 1/3 & \cdots & 1/(n+2)\\ \vdots & \vdots & & \vdots\\ 1/(n+1) & 1/(n+2) & \cdots & 1/(2n+1)\end{pmatrix} \tag{2.6}$$

$\boldsymbol{H}$为希尔伯特（Hilbert）矩阵。此时，$\boldsymbol{Ha}=\boldsymbol{d}$的解$a_k=a_k^*(k=0,1,\cdots,n)$即所求。

选取$1,x,x^2,\cdots,x^n$为基求最佳平方逼近多项式的方法简单直观，但当n很大时，矩阵$\boldsymbol{H}$高度病态，此时求解法方程的误差太大，通常取正交多项式做基来避免这一问题，如情形二所示。

情形二：对$f(x)\in C[a,b]$，$\Phi=\mathrm{span}\{\varphi_0(x),\varphi_1(x),\cdots,\varphi_n(x)\}$，若$\varphi_0(x),\varphi_1(x),\cdots,\varphi_n(x)$是满足条件式（2.1）的正交函数族，则$(\varphi_i(x),\varphi_j(x))=0$，$i\neq j$，而$(\varphi_j(x),\varphi_j(x))>0$，故法方程（2.5）的系数矩阵$\boldsymbol{G}(\varphi_0(x),\varphi_1(x),\cdots,\varphi_n(x))$为非奇异对角阵，且法方程（2.5）的解为

$$a_k^*=(f(x),\varphi_k(x))/(\varphi_k(x),\varphi_k(x)),\quad k=0,1,\cdots,n \tag{2.7}$$

于是，$f(x)\in C[a,b]$在Φ中的最佳平方逼近函数为

$$S^*(x)=\sum_{k=0}^{n}\frac{(f(x),\varphi_k(x))}{(\varphi_k(x),\varphi_k(x))}\varphi_k(x) \tag{2.8}$$

若考虑函数$f(x)\in C[-1,1]$，由勒让德多项式$\{P_0(x),P_1(x),\cdots,P_n(x)\}$构造最佳平方逼近多项式$S_n^*(x)$，则由式（2.7）和式（2.8）可得

$$S_n^*(x)=a_0^*P_0(x)+a_1^*P_1(x)+\cdots+a_n^*P_n(x)$$

其中

$$a_k^*=\frac{(f,P_k)}{(P_k,P_k)}=\frac{2k+1}{2}\int_{-1}^{1}f(x)P_k(x)\mathrm{d}x,\quad k=0,1,\cdots,n \tag{2.9}$$

2）算法步骤

（1）输入要逼近的函数$f(x)$，区间$[a,b]$，拟合空间的基$\varphi_0(x),\varphi_1(x),\cdots,\varphi_n(x)$。

（2）构造法方程的系数矩阵$\boldsymbol{G}$和右端项$\boldsymbol{d}$。

（3）求解法方程，得到最佳平方逼近函数。

3）算法实现

例 2.1　求$f(x)=\mathrm{e}^{-x}$在$[0,1]$上的一次最佳平方逼近多项式。

解：（1）理论求解。设一次最佳平方逼近多项式为$S_1^*(x)=a_0+a_1x$。由式（2.5）可得

$$d_0=\int_0^1\mathrm{e}^{-x}\mathrm{d}x=1-\mathrm{e}^{-1}\approx 0.632$$

$$d_1=\int_0^1 x\mathrm{e}^{-x}\mathrm{d}x=1-2\mathrm{e}^{-1}\approx 0.264$$

故法方程为

$$\begin{pmatrix} 1 & \frac{1}{2} \\ \frac{1}{2} & \frac{1}{3} \end{pmatrix}\begin{pmatrix} a_0 \\ a_1 \end{pmatrix}=\begin{pmatrix} 0.632 \\ 0.264 \end{pmatrix}$$

解出 $a_0 = 0.944,\ a_1 = -0.624$，所以

$$S_1^*(x) = 0.944 - 0.624x$$

（2）程序实现。Python 程序代码如下：

```
import sympy as sy
import numpy as np
from scipy import integrate
def InterProduct(f,g,do,up):
    val=sy.integrate(f*g,(x,do,up)) #do 是 x 下界，up 是 x 上界
    return val
def SquaresApproximation(f,fai,do,up):
    ans=0
    L=len(fai)
    B = np.transpose(np.zeros([L]))
    G = np.zeros([L,L])
    for i in range(L):
        B[i]=InterProduct(f,fai[i],do,up)
        for j in range(L):
            G[i][j]=InterProduct(fai[i],fai[j],do,up)
    print(G)
    print(B)
    a=np.linalg.solve(G,B)
    for i in range(L):
        ans=ans+a[i]*fai[i]
return ans
#调用以上代码计算例题：
if __name__ == '__main__':
#当模块被直接运行时，以下代码块将被运行；当模块被导入时，代码块不被运行
    x = sy.symbols("x")
    f = sy.exp(-x) #公式
    do=0 #下界
    up=1 #上界
    fai=[1,x]
print("S(x)={}".format(SquaresApproximation(f,fai,do,up)))
```

输出结果如下：

```
[[1.         0.5        ]
[0.5        0.33333333]]
```

```
[0.63212056 0.26424112]
S(x)=0.943035529371539 - 0.621829941085962*x
```

此例子中理论解和数值解的系数矩阵保留精度不一样，导致数值解存在误差。这也说明了 Hilbert 矩阵的病态性。

例 2.2 利用正交多项式求 $f(x)=\mathrm{e}^x$ 在 $[-1,1]$ 上的三次最佳平方逼近多项式。

解：（1）理论求解。首先计算 $(f,P_k)(k=0,1,2,3)$，利用勒让德多项式有

$$(f,P_0)=\int_{-1}^{1}\mathrm{e}^x\mathrm{d}x\approx 2.3504\text{，}\quad (f,P_1)=\int_{-1}^{1}x\mathrm{e}^x\mathrm{d}x\approx 0.7358$$

$$(f,P_2)=\int_{-1}^{1}\left(\frac{3}{2}x^2-\frac{1}{2}\right)\mathrm{e}^x\mathrm{d}x\approx 0.1431\text{，}\quad (f,P_3)=\int_{-1}^{1}\left(\frac{5}{2}x^3-\frac{3}{2}x\right)\mathrm{e}^x\mathrm{d}x\approx 0.02013$$

由式（2.7）得

$$a_0^*=(f,P_0)/2=1.1752\text{，}\quad a_1^*=3(f,P_1)/2=1.1036$$

$$a_2^*=5(f,P_2)/2=0.3578\text{，}\quad a_3^*=7(f,P_3)/2=0.07046$$

整理后可得

$$S_3^*(x)=0.9963+0.9980x+0.5367x^2+0.1761x^3$$

（2）程序实现。Python 程序代码如下：

```
import sympy as sy
import numpy as np
from scipy import integrate
def InterProduct(f,g,do,up):
    val=sy.integrate(f*g,(x,do,up)) # x为函数，do是x下界，up是x上界
return val
def SquaresApproximation(f,fai,do,up):
    ans=0
    L=len(fai)
    B = np.transpose(np.zeros([L]))
    G = np.zeros([L,L])
    for i in range(L):
        B[i]=InterProduct(f,fai[i],do,up)
        G[i][i]=InterProduct(fai[i],fai[i],do,up)
    print(G)
    print(B)
    a=np.linalg.solve(G,B)
    for i in range(L):
        ans=ans+a[i]*fai[i]
return ans
#调用以上代码计算例题：
```

```
if __name__ == '__main__':
    x = sy.symbols("x")
    f = sy.exp(x) #公式
    do=-1 #下界
    up=1 #上界
    fai=[1,x,(3/2)*x**2-1/2,(5/2)*x**3-(3/2)*x]
print("S(x)={}".format(SquaresApproximation(f,fai,do,up)))
```

输出结果如下：

```
[[2.         0.         0.         0.        ]
 [0.         0.66666667 0.         0.        ]
 [0.         0.         0.4        0.        ]
 [0.         0.         0.         0.28571429]]
[2.35040239 0.73575888 0.14312574 0.02013018]
S(x)=0.176139084171223*x**3 + 0.536721525971059*x**2 + 0.997954873011593*x +
0.996294018320115
```

3. 最小二乘拟合

法国科学家勒让德于 1806 年首先提出了最小二乘法。1829 年，高斯证明了最小二乘法的优越性，也就是著名的高斯-马尔可夫定理。现在最小二乘法已被普遍应用于曲线拟合、参数估计、预测等领域。

1）基本原理

如果只给出 $f(x)$ 在点 $x_i(i=0,1,\cdots,m)$ 的观测或实验数据 $(x_i,y_i)(i=0,1,\cdots,m)$，这里 $y_i=f(x_i)(i=0,1,\cdots,m)$，那么要获得真实函数关系 $f(x)$ 就涉及曲线拟合问题，即求一个函数 $y=S^*(x)$ 有效拟合数据 $(x_i,y_i)(i=0,1,\cdots,m)$。具体地，设 $\varphi_0(x),\varphi_1(x),\cdots,\varphi_n(x)$ 是 $C[a,b]$ 上线性无关函数族，在 $\boldsymbol{\Phi}=\text{span}\{\varphi_0(x),\varphi_1(x),\cdots,\varphi_n(x)\}$ 中找一个函数 $S^*(x)$，满足误差平方和最小。记误差 $\delta_i=S^*(x)-y_i$（$i=0,1,\cdots,m$），$\boldsymbol{\delta}=(\delta_0,\delta_1,\cdots,\delta_m)^{\text{T}}$，则

$$\|\boldsymbol{\delta}\|_2^2=\sum_{i=0}^{m}\delta_i^2=\sum_{i=0}^{m}\left[S^*(x_i)-y_i\right]^2=\min_{S(x)\in\boldsymbol{\Phi}}\sum_{i=0}^{m}\left[S(x_i)-y_i\right]^2 \tag{2.10}$$

其中

$$S(x)=a_0\varphi_0(x)+a_1\varphi_1(x)+\cdots+a_n\varphi_n(x),\quad n<m \tag{2.11}$$

这就是曲线拟合的最小二乘法。$S^*(x)$ 为 $f(x)$ 在 $\boldsymbol{\Phi}$ 中的最小二乘逼近函数。

一般地，在 $\|\boldsymbol{\delta}\|_2^2$ 中引入权函数 $\omega(x)\geqslant 0$，使

$$\|\boldsymbol{\delta}\|_2^2=\sum_{i=0}^{m}\omega(x_i)\left[S^*(x_i)-y_i\right]^2 \tag{2.12}$$

它表示为不同点 $(x_i,f(x_i))$ 赋予不同的权重。

求最小二乘法逼近函数 $y=S^*(x)$ 使式（2.12）取值最小，等价于求多元函数

$$I(a_0,a_1,\cdots,a_n)=\sum_{i=0}^{m}\omega(x_i)\left[\sum_{j=0}^{n}a_j\varphi_j(x_i)-f(x_i)\right]^2$$

的极小点 $(a_0^*,a_1^*,\cdots,a_n^*)$ 问题。由多元函数有极值的必要条件，有

$$\frac{\partial I}{\partial a_k}=2\sum_{i=0}^{m}\omega(x_i)\left[\sum_{j=0}^{n}a_j\varphi_j(x_i)-f(x_i)\right]\varphi_k(x_i)=0\text{，}\ k=0,1,\cdots,n$$

令

$$(\varphi_j,\varphi_k)=\sum_{i=0}^{m}\omega(x_i)\varphi_j(x_i)\varphi_k(x_i)$$

$$(f,\varphi_k)=\sum_{i=0}^{m}\omega(x_i)f(x_i)\varphi_k(x_i)\equiv d_k,\ k=0,1,\cdots,n$$

上式可改写为

$$\sum_{j=0}^{n}(\varphi_k,\varphi_j)a_j\equiv d_k,\ k=0,1,\cdots,n \tag{2.13}$$

此方程称为法方程，写成矩阵的形式：

$$\boldsymbol{Ga}=\boldsymbol{d} \tag{2.14}$$

其中，$\boldsymbol{a}=(a_0,a_1,\cdots,a_n)^{\mathrm{T}}$；$\boldsymbol{d}=(d_0,d_1,\cdots,d_n)^{\mathrm{T}}$；

$$\boldsymbol{G}=\begin{pmatrix}(\varphi_0,\varphi_0) & (\varphi_0,\varphi_1) & \cdots & (\varphi_0,\varphi_n)\\ (\varphi_1,\varphi_0) & (\varphi_1,\varphi_1) & \cdots & (\varphi_1,\varphi_n)\\ \vdots & \vdots & & \vdots\\ (\varphi_n,\varphi_0) & (\varphi_n,\varphi_1) & \cdots & (\varphi_n,\varphi_n)\end{pmatrix}$$

要使法方程（2.14）有唯一解 $a_0,a_1,\cdots,a_n$，就要求矩阵 $\boldsymbol{G}$ 非奇异。必须指出，$\varphi_0(x)$，$\varphi_1(x),\cdots,\varphi_n(x)$ 在 $[a,b]$ 上线性无关不能推出矩阵 $\boldsymbol{G}$ 非奇异。为了保证矩阵 $\boldsymbol{G}$ 非奇异，必须满足以下条件。

设 $\varphi_0(x),\varphi_1(x),\cdots,\varphi_n(x)\in C[a,b]$ 的任意线性组合在点集 $\{x_i,\ i=0,1,\cdots,m\}$（$m\geqslant n$）上至多有 n 个不同的零点，则称 $\varphi_0(x),\varphi_1(x),\cdots,\varphi_n(x)$ 在点集 $\{x_i,\ i=0,1,\cdots,m\}$ 上满足哈尔条件，此时式（2.14）有唯一解。

2）算法步骤

（1）输入要拟合的数据 $\{(x_i,y_i),\ i=0,1,\cdots,m\}$，拟合空间的基函数 $\varphi_0(x),\varphi_1(x),\cdots,\varphi_n(x)$。

（2）构造法方程的系数矩阵 $\boldsymbol{G}$ 和右端项 $\boldsymbol{d}$。

（3）求解法方程，得到最小二乘逼近函数。

3）算法实现

例 2.3 拟合案例引导中冶炼时间 y 和钢液含碳量 x 的关系，数据如表 2.1 所示。

解：（1）理论求解。为了研究冶炼时间 y 与钢液含碳量 x 的关系，首先将表 2.1 中的各组数据 (x_i, y_i)（$i = 1, 2, \cdots, 5$）在坐标平面内描出对应的点。离散数据与拟合曲线如图 2.1 所示（本章横坐标为 x 的取值，纵坐标为 x 对应的函数值）。

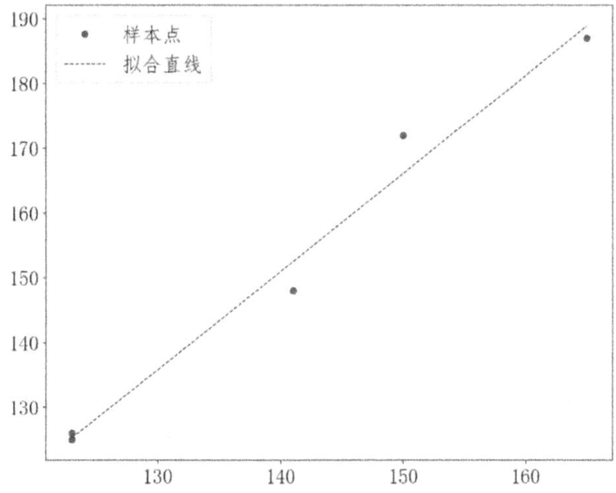

图 2.1　离散数据与拟合曲线

由图 2.1 可以看到，数据分布大致呈一条直线，因此考虑利用直线 $y = a + bx$ 拟合这些数据。

根据最小二乘拟合的计算过程，有

$$(\varphi_0, \varphi_0) = 5\text{，}\ (\varphi_0, \varphi_1) = (\varphi_1, \varphi_0) = \sum_{i=1}^{6} x_i = 702\text{，}\ (\varphi_1, \varphi_1) = \sum_{i=1}^{6} x_i^2 = 99864$$

$$u_0 = \sum_{i=1}^{5} y_i = 758\text{，}\ u_1 = \sum_{i=1}^{5} x_i y_i = 108396$$

可以得到法方程：

$$\begin{pmatrix} 5 & 702 \\ 702 & 99864 \end{pmatrix} \begin{pmatrix} a \\ b \end{pmatrix} = \begin{pmatrix} 758 \\ 108396 \end{pmatrix}$$

解得 $a = -60.94$，$b = 1.514$，函数表达式近似为 $y = -60.94 + 1.514x$。

（2）程序实现。Python 程序代码如下：

```
import numpy as np
import matplotlib.pyplot as plt
def linear_regression(x, y):
```

```
    N = len(x)
    sumx = sum(x)
    sumy = sum(y)
    sumx2 = sum(x**2)
    sumxy = sum(x*y)
    A = np.mat([[N, sumx], [sumx, sumx2]])
    b = np.array([sumy, sumxy])
    return np.linalg.solve(A, b)
X = np.array([165,123,150,123,141])
Y = [187,126,172,125,148]
a0, a1 = linear_regression(X, Y)
print("y = {} + {}x".format(a0, a1))
plt.show()
```

输出结果如下：

```
y = -60.939226519338035 + 1.5138121546961398x
```

例 2.4 已知一组实验数据如表 2.2 所示，求它的拟合曲线。

表 2.2 实验数据

x_i	1	2	3	4	5	6
y_i	15	6	3	2	7	14

解：（1）理论求解。表 2.2 中的数据大致落在一条抛物线上，因此可以选择二次多项式对数据进行拟合。设拟合多项式为

$$y = a_0 + a_1 x + a_2 x^2$$

根据最小二乘拟合的计算过程，有

$$(\varphi_0,\varphi_0)=6\,,\quad (\varphi_0,\varphi_1)=(\varphi_1,\varphi_0)=\sum_{i=1}^{6}x_i=21\,,\quad (\varphi_0,\varphi_2)=(\varphi_1,\varphi_1)=\sum_{i=1}^{6}x_i^2=91$$

$$(\varphi_1,\varphi_2)=(\varphi_2,\varphi_1)=\sum_{i=1}^{6}x_i^3=441\,,\quad (\varphi_2,\varphi_2)=\sum_{i=1}^{6}x_i^4=2275$$

$$u_0=\sum_{i=1}^{6}y_i=47\,,\quad u_1=\sum_{i=1}^{6}x_i y_i=163\,,\quad u_2=\sum_{i=1}^{6}x_i^2 y_i=777$$

可以得到法方程：

$$\begin{pmatrix} 6 & 21 & 91 \\ 21 & 91 & 441 \\ 91 & 441 & 2275 \end{pmatrix}\begin{pmatrix} a_0 \\ a_1 \\ a_2 \end{pmatrix}=\begin{pmatrix} 47 \\ 163 \\ 777 \end{pmatrix}$$

解得 $a_0 = 26.8$， $a_1 = -14.0857$， $a_2 = 2$，则拟合多项式为

$$y = 26.8 - 14.0857x + 2x^2$$

（2）程序实现。Python 程序代码如下：

```
import numpy as np
import matplotlib.pyplot as plt
X =  np.array([1,2,3,4,5,6])
Y =  [15,6,3,2,7,14]
# 生成系数矩阵A
def gen_coefficient_matrix(X, Y):
    N = len(X)
    m = 3
    A = []
    # 计算每一个方程的系数
    for i in range(m):
        a = []
        # 计算当前方程中的每个系数
        for j in range(m):
            a.append(sum(X ** (i+j)))
        A.append(a)
    return A
# 计算方程组的右端向量b
def gen_right_vector(X, Y):
    N = len(X)
    m = 3
    b = []
    for i in range(m):
        b.append(sum(X**i * Y))
    return b
A = gen_coefficient_matrix(X, Y)
b = gen_right_vector(X, Y)
a0, a1, a2 = np.linalg.solve(A, b)
print("y = {} + {}x + {}$x^2$ ".format(a0, a1, a2))
plt.show()
```

输出结果如下：

```
y = 26.800000000000143 + -14.085714285714392x + 2.0000000000000147x^2
```

4. 非线性最小二乘

在很多实际问题中，两个变量之间并不是线性关系，而是非线性关系。法方程往往为非线性多元方程组，不易求解，因此要采取其他的方法求解参数。对于某些非线性问题可以转化为线性问题进行处理，那么前面的拟合过程就可以直接使用。假设数据呈指数相关，则设逼近函数的形式为

$$y = be^{ax}$$

一般设

$$\tilde{y}=\ln y,\quad \tilde{b}=\ln b$$

则有

$$\tilde{y}=\tilde{b}+ax$$

再利用前面的最小二乘拟合即可得到近似解。不过，此近似解并不是原始问题的最小二乘近似解，需要利用指数关系转化得到原始问题的近似解。

例 2.5 根据马尔萨斯（Malthus）关于人口数量在自然状态下的理论模型，对表 2.3 所示的数据用形如 $y=Ae^{bx}$ 的指数函数进行拟合。

表 2.3 各年份的人口数量

i	年份 x_i /年	人口数量 y_i /亿人	i	年份 x_i /年	人口数量 y_i /亿人
1	1950	5.52	6	1955	6.15
2	1951	5.63	7	1956	6.28
3	1952	5.75	8	1957	6.46
4	1953	5.88	9	1958	6.60
5	1954	6.03	10	1959	6.72

解：对 $y=Ae^{bx}$ 两端取对数，得

$$\ln y=\ln A+bx$$

表 2.3 中的数据经过变换后如表 2.4 所示。

表 2.4 变换后的数据

i	年份 x_i /年	$\ln y_i$	i	年份 x_i /年	$\ln y_i$
1	1950	1.71	6	1955	1.82
2	1951	1.73	7	1956	1.84
3	1952	1.75	8	1957	1.87
4	1953	1.77	9	1958	1.89
5	1954	1.80	10	1959	1.91

此时，拟合多项式为

$$\tilde{y}=a+bx$$

其中，$\tilde{y}=\ln y$；$a=\ln A$。根据最小二乘拟合的计算过程，可以得到法方程：

$$\begin{pmatrix}10 & 545\\ 545 & 29785\end{pmatrix}\begin{pmatrix}a\\ b\end{pmatrix}=\begin{pmatrix}18.09\\ 987.78\end{pmatrix}$$

解得 $a=0.5704$，$b=0.0227$，于是 $A=e^{a}\approx 1.7690$，所求拟合函数为 $y=1.7690e^{0.0227x}$。

5. 傅里叶变换

工程中经常遇到一些振荡或振动的系统，它由许多不同频率、不同振幅的波叠加得到。一个复杂的波还可分解为一系列呈周期现象的谐波。另外，当模型数据具有周期性时，用三角函数特别是正弦函数和余弦函数作为基函数进行表征是合适的。用正弦函数和余弦函数作为基函数表示任意函数始于18世纪50年代，到19世纪逐步建立了一套有效的分析方法，称为傅里叶变换。如今，傅里叶变换在信号处理、图像处理等相关领域早已独当一面。

快速傅里叶变换（Fast Fourier Transform），即利用计算机计算离散傅里叶变换（Discrete Fourier Transform，DFT）的高效、快速的方法的统称，简称FFT。其基本思想是把原始序列依次分解成一系列的短序列，充分利用DFT计算公式中指数因子所具有的对称性和周期性，进而求出这些短序列相应的DFT并进行适当组合，达到删除重复计算、减少乘法运算和简化结构的目的。

设$f(x)$是以2π为周期的平方可积函数，$[0,2\pi]$上的正交函数族为

$$1,\cos x,\sin x,\cdots,\cos kx,\sin kx,\cdots$$

则$f(x)$的最佳平方逼近多项式为

$$S_n(x)=\frac{1}{2}a_0+\sum_{k=1}^{n}(a_k\cos kx+b_k\sin kx)$$

其中

$$a_k=\frac{1}{\pi}\int_0^{2\pi}f(x)\cos kx\mathrm{d}x,\quad k=0,1,\cdots,n$$

$$b_k=\frac{1}{\pi}\int_0^{2\pi}f(x)\sin kx\mathrm{d}x,\quad k=1,2,\cdots,n$$

若只知道离散点的数据$f_j=f(x_j)$（$x_j=\dfrac{2\pi j}{2m+1}$，$j=0,1,\cdots,2m$），则$f(x)$的最小二乘三角逼近为

$$S_n(x)=\frac{1}{2}a_0+\sum_{k=1}^{n}(a_k\cos kx+b_k\sin kx),\quad n<m$$

其中

$$\begin{cases}a_k=\dfrac{2}{2m+1}\displaystyle\sum_{j=0}^{2m}f_j\cos\dfrac{2\pi jk}{2m+1}, & k=0,1,\cdots,n\\ b_k=\dfrac{2}{2m+1}\displaystyle\sum_{j=0}^{2m}f_j\sin\dfrac{2\pi jk}{2m+1}, & k=1,2,\cdots,n\end{cases}\tag{2.15}$$

一般的情形，假定$f(x)$是以2π为周期的复函数，已知$f(x)$在N个点$\left\{x_j=\dfrac{2\pi}{N}j,\right.$

$j=0,1,\cdots,N-1\}$ 上的值 $f_j=f\left(\frac{2\pi}{N}j\right)$，由于

$$\mathrm{e}^{\mathrm{i}jx}=\cos(jx)+\mathrm{i}\sin(jx),\ j=0,1,\cdots,N-1,\ \ \mathrm{i}=\sqrt{-1}$$

函数 $\mathrm{e}^{\mathrm{i}jx}$ 在等距点集 $x_k=\frac{2\pi}{N}k$（$k=0,1,\cdots,N-1$）上的值 $\mathrm{e}^{\mathrm{i}jx_k}$ 组成的向量记作

$$\boldsymbol{\phi}_j=\left(1,\mathrm{e}^{\mathrm{i}j\frac{2\pi}{N}},\cdots,\mathrm{e}^{\mathrm{i}j\frac{2\pi}{N}(N-1)}\right)^{\mathrm{T}}$$

当 $j=0,1,\cdots,N-1$ 时，N 个复向量 $\boldsymbol{\phi}_0,\boldsymbol{\phi}_1,\cdots,\boldsymbol{\phi}_{N-1}$ 具有下面的正交性：

$$(\boldsymbol{\phi}_l,\boldsymbol{\phi}_s)=\sum_{k=0}^{N-1}\mathrm{e}^{\mathrm{i}l\frac{2\pi}{N}k}\mathrm{e}^{-\mathrm{i}s\frac{2\pi}{N}k}=\sum_{k=0}^{N-1}\mathrm{e}^{\mathrm{i}(l-s)\frac{2\pi}{N}k}=\begin{cases}0, & l\neq s\\ N, & l=s\end{cases}$$

即函数族 $\left\{1,\mathrm{e}^{\mathrm{i}x},\cdots,\mathrm{e}^{\mathrm{i}(N-1)x}\right\}$ 关于点集 $\{x_k\}_{k=0}^{N-1}$ 正交。

因此，$f(x)$ 在 N 个点 $\left\{x_j=\frac{2\pi}{N}j,\ j=0,1,\cdots,N-1\right\}$ 上的最小二乘傅里叶逼近为

$$S(x)=\sum_{k=0}^{n-1}c_k\mathrm{e}^{\mathrm{i}kx},\ \ n\leqslant N \tag{2.16}$$

其中

$$c_k=\frac{1}{N}\sum_{j=0}^{N-1}f_j\mathrm{e}^{-\mathrm{i}kj\frac{2\pi}{N}},\ \ k=0,1,\cdots,n-1 \tag{2.17}$$

上式是由 $\{f_j\}$ 求 $\{c_k\}$ 的过程，称为 $f(x)$ 的 DFT。

无论式（2.17）是由 $\{f_j\}$ 求 $\{c_k\}$ 的还是由式（2.15）计算傅里叶逼近系数 a_k,b_k 的，都可归为计算

$$c_j=\sum_{k=0}^{N-1}x_k\omega_N^{kj},\ \ \ j=0,1,\cdots,N-1 \tag{2.18}$$

其中，$\{x_k\}_0^{N-1}$ 为已知输入数据；$\{c_j\}_0^{N-1}$ 为输出数据；

$$\omega_N=\mathrm{e}^{\mathrm{i}\frac{2\pi}{N}}=\cos\frac{2\pi}{N}+\mathrm{i}\sin\frac{2\pi}{N},\ \ \mathrm{i}=\sqrt{-1}$$

式（2.18）称为 N 点的 DFT，此方法计算 $c_j(j=0,1,\cdots,N-1)$ 共需要 N^2 个操作，计算并不复杂，但当 N 很大时，计算量是非常大的。1965 年，快速傅里叶变换被提出，其有效地提高了计算速度。事实上，对于任意正整数 k,j，

$$\omega_N^j\omega_N^k=\omega_N^{j+k},\ \ \omega_N^{jN+k}=\omega_N^k\ \text{（周期性）}$$

$$\omega_N^{jk+N/2}=-\omega_N^{jk}\ \text{（对称性）},\ \ \omega_{jN}^{jk}=\omega_N^k$$

由周期性可知，所有 $\omega_N^{jk}(j,k=0,1,\cdots,N-1)$ 中，最多有 N 个不同的值 $\omega_N^0,\omega_N^1,\cdots,\omega_N^{N-1}$。特别地，

$$\omega_N^0=\omega_N^N=1,\quad \omega_N^{N/2}=-1$$

当 $N=2^p$ 时，ω_N^{jk} 只有 $N/2$ 个不同的值。利用上面这些性质，可以将式（2.18）对半折成两个和式，将对应项相加，有

$$c_j=\sum_{k=0}^{N/2-1}x_k\omega_N^{jk}+\sum_{k=0}^{N/2-1}x_{N/2+k}\omega_N^{j(N/2+k)}=\sum_{k=0}^{N/2-1}\left[x_k+(-1)^j x_{N/2+k}\right]\omega_N^{jk}$$

分别考虑奇偶项，则

$$c_{2j}=\sum_{k=0}^{N/2-1}\left(x_k+x_{N/2+k}\right)\omega_{N/2}^{jk}$$

$$c_{2j+1}=\sum_{k=0}^{N/2-1}\left(x_k-x_{N/2+k}\right)\omega_N^k\omega_{N/2}^{jk}$$

令

$$y_k=x_k+x_{N/2+k},\quad y_{N/2+k}=\left(x_k-x_{N/2+k}\right)\omega_N^k$$

则可将 N 点的 DFT 归结为两个 $N/2$ 点的 DFT：

$$\begin{cases}c_{2j}=\sum\limits_{k=0}^{N/2-1}y_k\omega_{N/2}^{jk}\\ c_{2j+1}=\sum\limits_{k=0}^{N/2-1}y_{N/2+k}\omega_{N/2}^{jk}\end{cases},\qquad j=0,1,\cdots,N/2-1$$

如此反复实行二分，即得到快速傅里叶变换算法。

6．Python 库函数求解

Python 的 scipy. optimize 模块提供了函数 leastsq、curve_fit 来实现数据拟合。

1）leastsq

leastsq（最小二乘拟合）的调用格式如下：

```
scipy.optimize. leastsq(func, x0, args=(), Dfun=one, full_output=0, col_deriv-0,
ftol=1.49012e-08, xtol=1.49012e-08,gtol=0.0, maxfev=0, epsfcn=one, factor=100,
diag=None)
```

输入参数如下。

func：定义的残差函数，可调用。应至少采用一个（长度为 N 的向量）参数并返回 M 浮点数。它不能返回 NaN，否则拟合可能会失败。M 必须大于或等于 N。

x0：拟合函数的参数的初始估计。

args：func 的任何额外参数都放在这个元组中。

dfun：可选参数。计算具有跨行导数的 func 的雅可比（Jacobi）行列式的函数或方法。

full_output：若非零，则返回所有可选输出。

col_deriv：若非零，则指定 Jacobi 函数沿列计算导数。

ftol：浮点数。平方和所需的相对误差。

xtol：可选参数，浮点数。近似解中所需的相对误差。

gtol：可选参数。函数向量和 Jacobi 列之间所需的正交性。

Maxfev：函数的最大调用次数。如果提供了 Dfun，那么默认 maxfev 为 100×(N+1)。

epsfcn：可选参数。用于确定 Jacobi 行列式前向差分近似的合适步长的变量。

factor：可选参数。确定初始步长界限的参数。

diag：可选参数。N 个正数代表变量的比例因子。

返回参数如下。

x：一维解向量（或不成功调用的最后一次迭代的结果）。

cov_x：海森矩阵的逆。fjac 和 ipvt 用于构建 Hessian 的估计。None 值表示奇异矩阵，这意味着参数 x 中的曲率在数值上是平坦的。

infodict：带有关键字的可选输出字典。比如，nfev，函数调用次数；fvec，输出处评估的函数；fjac，最终近似 Jacobi 矩阵的 QR 分解的矩阵 $\boldsymbol{R}$ 的排列，按列存储。

mesg：提供有关失败原因的信息的字符串消息。

求解例 2.4 的程序代码如下：

```
import numpy as np
from scipy.optimize import leastsq

Xi=np.array([1,2,3,4,5,6])
Yi=np.array([15,6,3,2,7,14])
def func(p,x):
   a0,a1,a2=p
   return a0+a1*x+a2*x**2

def error(p,x,y):
   return func(p,x)-y

p0=[2,2,2]
Para = leastsq(error,p0,args=(Xi,Yi))
a0,a1,a2 = Para[0]
print("y = {} + {}x + {}x^2".format(a0, a1, a2))

import matplotlib.pyplot as plt
```

```
import matplotlib
matplotlib.rcParams['font.sans-serif'] = ['FangSong']
matplotlib.rcParams['axes.unicode_minus'] = False
plt.figure(figsize=(10,8),dpi=150)
plt.rcParams.update({'font.size': 20})

plt.scatter(Xi,Yi,color="r",label="样本点",linewidth=1)
x=np.linspace(0,8,1000)
y=a0+a1*x+a2*x**2
plt.plot(x,y,color="b",label="拟合曲线",linewidth=1,linestyle='--')
plt.legend()
plt.show()
```

输出结果如下：

```
y = 26.800000000054084 + -14.085714285749368x + 2.0x^2
```

例 2.4 的拟合曲线如图 2.2 所示。

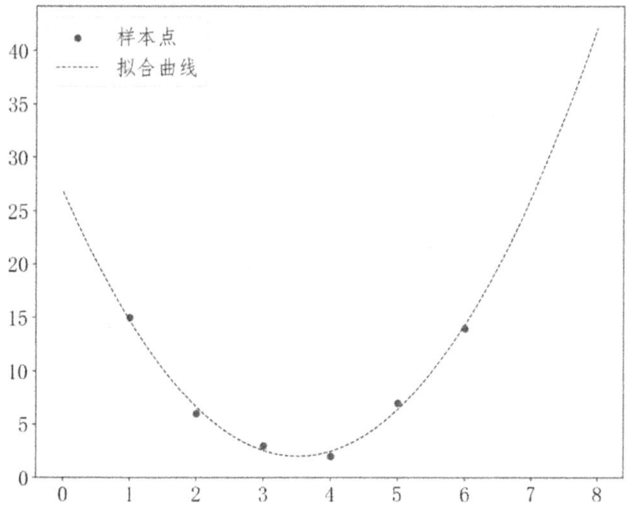

图 2.2　例 2.4 的拟合曲线

2）curve_fit

curve_fit（非线性最小二乘拟合）的调用格式如下：

```
scipy.optimize.curve_fit(f, xdata, ydata, p0=None, sigma=None, absolute_sigma=False, check_finite=True, bounds=(- inf, inf), method=None, jac=None, *, full_output=False, **kwargs)
```

输入参数如下。

f：模型函数。必须将自变量作为第一个参数，将要拟合的参数作为单独的剩余参数。

xdata：测量数据的自变量。对于具有 k 个预测变量的函数，通常应该是 M-length 序列或(k,M)型数组，但实际上可以是任何对象。

ydata：因变量，一个长度为 M 的数组。

p0：参数的初始猜测。如果为 None，那么初始值将全部为 1。

sigma：ydata 的不确定性。如果我们将残差定义为 r = ydata − f(xdata, *popt)，那么解释 sigma 取决于它的维数。

absolute_sigma：若为 True，则以绝对意义使用 sigma，估计的参数协方差 pcov 反映了这些绝对值。若为 False（默认），则 sigma 值在相对意义下更重要，返回的参数协方差矩阵 pcov 基于常数因子缩放 sigma。

check_finite：若为 True，则检查输入数组是否不包含 NaN。如果包含，那么引发 ValueError。如果输入数组确实包含 NaN，那么将此参数设置为 False 可能会产生无意义的结果。默认为 True。

bounds：参数的下限和上限。默认为无边界。

method：用于优化的方法。{'lm', 'trf', 'dogbox'}。

jac： 计算模型函数关于参数的 Jacobi 矩阵。

full_output：如果为 True，那么此函数返回附加信息（infodict、mesg 和 ier）。

返回参数如下。

popt：参数的最佳值，使 f(xdata, *popt) − ydata 的残差平方和最小化。

pcov：估计 popt 的协方差。

infodict：带有关键字的可选输出字典。比如，nfev，函数调用次数；fvec，输出处评估的函数值；fjac，最终近似 Jacobi 矩阵的 QR 分解的矩阵 $\boldsymbol{R}$ 的排列，按列存储。

mesg：提供有关解决方案信息的字符串消息。

ier：整数。若它等于 1、2、3 或 4，则表示找到了解决方案。否则，表示没有找到解决方案。

例 2.6 对表 2.5 所示的拟合数据进行非线性最小二乘法拟合。

表 2.5 拟合数据

x	1	2	3	4	5	6	7	8
y	4.00	6.40	8.00	8.80	9.22	9.50	9.70	9.86
x	9	10	11	12	13	14	15	16
y	10.00	10.20	10.32	10.42	10.50	10.55	10.58	10.60

利用 curve_fit 求解的代码如下：

```
import numpy as np
import matplotlib.pyplot as plt
```

```
from scipy.optimize import curve_fit
import matplotlib
matplotlib.rcParams['font.sans-serif'] = ['FangSong']
matplotlib.rcParams['axes.unicode_minus'] = False
plt.figure(figsize=(10,8),dpi=150)
plt.rcParams.update({'font.size': 20})

x = np.arange(1, 17, 1)
y = np.array([4.00, 6.40, 8.00, 8.80, 9.22, 9.50, 9.70, 9.86, 10.00, 10.20,
10.32, 10.42, 10.50, 10.55, 10.58, 10.60])

def func(x,a,b): #定义函数
   return a*np.exp(b/x)

popt, pcov = curve_fit(func, x, y)
a=popt[0]#popt 里面是拟合系数
b=popt[1]
yvals=func(x,a,b)
print("y={}*np.exp({}/x)".format(a, b))
plot1=plt.plot(x, y,'r' 'o',label='样本点')
plot2=plt.plot(x, yvals, 'b',label='拟合曲线',linewidth=1,linestyle='--')
plt.legend(loc=4)
plt.show()
```

输出结果如下：

```
y=11.357185259114356*np.exp(-1.0727584298296278/x)
```

例 2.6 的非线性拟合曲线如图 2.3 所示。

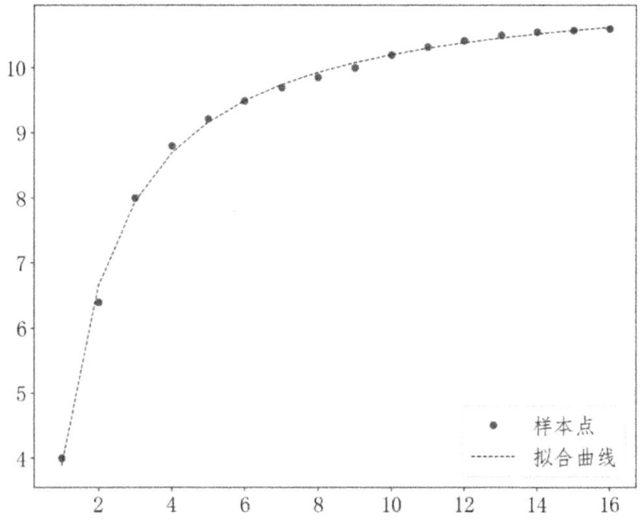

图 2.3 例 2.6 的非线性拟合曲线

3）fft 和 ifft

scipy.fftpack 提供了 fft 和 ifft 来实现快速傅里叶变换和快速傅里叶逆变换。

其调用格式如下：

```
scipy.fftpack.fft(x, n=None, axis=- 1, overwrite_x=False)
scipy.fftpack.ifft(x, n=None, axis=- 1, overwrite_x=False)
```

我们先对一组数据进行快速傅里叶变换，代码如下：

```
import numpy as np
from scipy.fftpack import fft,ifft
#创建一个随机值数组
x = np.array([1.0, 3.0, 2.0, -5.0, 4.5])
#对数组数据进行快速傅里叶变换
y = fft(x)
print('fft: ')
print(y)
print('\n')
#快速傅里叶逆变换
z = ifft(y)
print('ifft: ')
print(z)
print('\n')
```

输出结果如下：

```
fft:
[ 5.5        -0.j          5.74467844-2.68791199j -5.99467844+7.53907349j
 -5.99467844-7.53907349j  5.74467844+2.68791199j]


ifft:
[ 1. +0.j  3. +0.j  2. +0.j -5. +0.j  4.5+0.j]
```

四、巩固训练

1．设 $f(x)=xe^x$， $p(x)=a+bx$， $F(a,b)=\int_0^1\left[f(x)-p(x)\right]^2\mathrm{d}x$，求 c,d，使得

$$F(c,d)=\min_{a,b\in\mathbf{R}}F(a,b)$$

2．程序实现例 2.5 的非线性最小二乘拟合。

3．广告费及广告效应的经验模型。

问题描述：一般商家在销售商品时所获取的利润取决于商品的进价、售价、销售量，而销售量又取决于商品的价格、促销力度、社会需求量、购买力、商品的质量、信誉、

同类商品的竞争等，因此研究商品获利的大小将是一个很复杂的问题。下面我们考虑一种简单的情形。

某商场欲以单价 2 元购进一批商品，为了尽快收回资金并获得较多的利润，商场老板决定采取促销手段（打广告），于是他去广告公司进行了咨询，获得表 2.6 所示的数据。

表 2.6 广告费与销售增长因子

广告费（万元）	0	1	2	3	4	5	6	7
销售增长因子	1	1.4	1.7	1.85	1.95	2	1.95	1.8

在未打广告之前的售价与销售量如表 2.7 所示。

表 2.7 售价与销售量

售价（元）	2	2.5	3	3.5	4	4.5	5	5.5	6
销售量（千个）	41	38	34	32	29	28	25	22	20

请你研究一下，该商品定价多少元，广告费投入多少万元时，获利最大？

问题分析：我们的目标是建立起利润与商品售价、广告费用之间的函数关系。所掌握的信息就是表 2.6 和表 2.7 所示的数据，其他信息（包括内在机理）未知，因此要解决这个问题就要用经验模型的方法。

第一步，建立模型。设商品售价为 x 元，广告费投入为 y 万元，未打广告前的销售量为 z 千个，销售增长因子为 k，利润为 W 元。注意：投入广告费后，实际销售量将有一个增长，它应等于 kz（千个），从而有

$$\begin{aligned}\text{利润}\,W &= \text{总收入}-\text{总支出}\\ &= 1000kxz-2000kz-10000y\ (\text{元})\end{aligned}$$

第二步，根据表 2.6 和表 2.7 分别拟合 $k=k(y)$ 及 $z=z(x)$。

第三步，得到一个 W 关于 x,y 的二元函数，为了使 W 达到最大，由极值的必要条件：

$$\begin{cases}\dfrac{\partial W}{\partial x}=0\\[2ex]\dfrac{\partial W}{\partial y}=0\end{cases}$$

解得 x,y 的值，得到结论。

五、拓展阅读

过拟合是指为了得到一致假设而使假设变得过度严格，换句话说，在训练过程中引入过多参数，使测试集的错误率不降反升。例如，前面讲的最小二乘法，在利用多项式

拟合时，并非拟合次数越高越好。图 2.4～图 2.6 所示分别为欠拟合、正常拟合与过拟合。

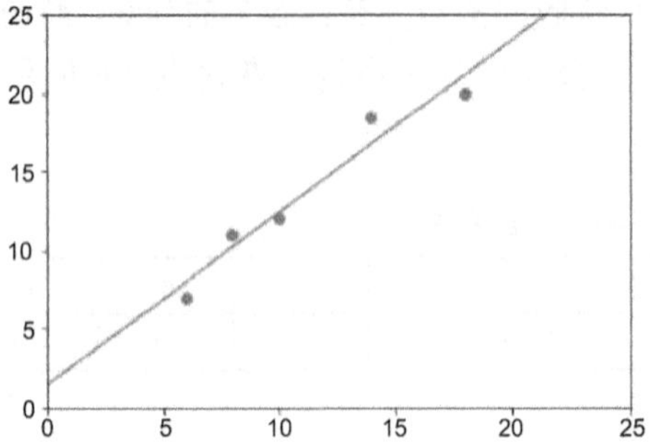

图 2.4　欠拟合

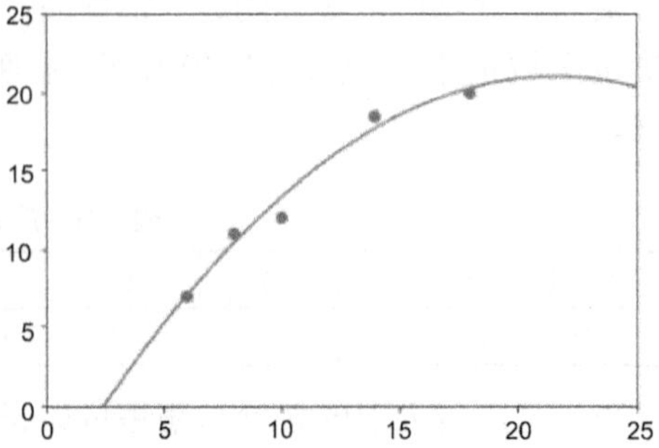

图 2.5　正常拟合

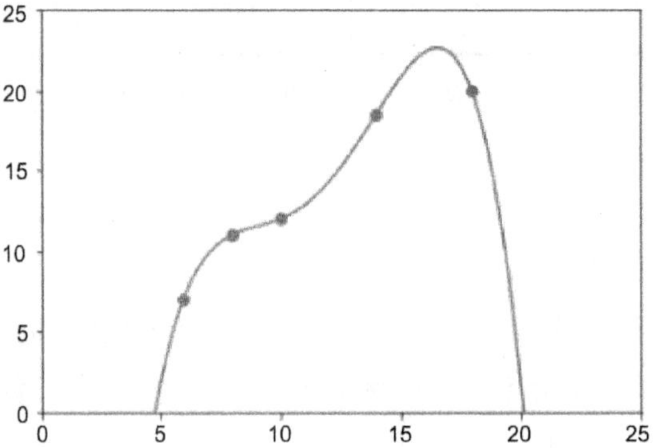

图 2.6　过拟合

除了在数学和机器学习中有过拟合的概念，在生活中，我们也会经常发现类似过拟合的现象。

在我们人生的每个阶段都会有幸运的时刻发生，似乎发生的每件事都符合自己的预期，这种状态的发生原理，我们或许能分析出一二三来，但是更多的隐藏原因，我们是无法知道的，也就是说，我们已知的原因和未知的隐藏的有利条件共同促成了我们走运的状态。假设在未来的某一个时间段内，我们走运的各个条件都不变，那么我们还能继续走运吗？答案是不一定。因为未来是不可测的，原有的有利条件在未知的境遇下有可能会失效，甚至变成不利条件。另外，我们不可能完全复制当时走运时的所有条件，面对的必定是不确定的将来。

在处理数据分析中的过拟合现象时，一般会将数据上的假设条件尽可能变得简单、高效，从而有效避免过拟合。而应对生活中的过拟合，也可以采用这个策略。

一是尽可能简单。我们每天的生活状态受多种因素影响，因素越多，我们面临的局面越复杂，复杂了就很难精确掌控，所以我们应该秉持自己的初心，坚定目标，心无旁骛，尽可能简化自己面对的局面。

二是要持有有效的底层品质，如耐心、敬业、热情、聪慧、奢侈、暴躁、懒惰、胆小。我们对它们做一个排列组合，当一个人同时拥有敬业和耐心这两个品质时，这个人可能会是一个好员工、好管理者，此时耐心和敬业之间做的是加法；同时拥有敬业和奢侈的人可能会过得比较体面，乐于享受，但不太会有积蓄，这两者做的是减法；如果一个人同时拥有耐心和聪慧，他就有很多可能，可以是一个企业家、一个投资者，因为耐心和聪慧聚合产生的效应很大，这两者之间做的是乘法；如果一个人同时拥有聪慧和懒惰，那么这个人可能会一事无成，因为当作为分母的懒惰的值越大时，聪慧与懒惰的比值就越小。

第三章

数值积分和数值微分

积分运算普遍存在于现实问题的解决方案中，如求不规则图形的面积，计算圆周率π的值和计算物体做功等。当使用牛顿-莱布尼茨（Leibniz）公式求解定积分时，我们必须知道连续的被积函数的原函数。但是，实际问题有时只有一些离散的观测数据，无法得到连续的被积函数，而且一些被积函数的原函数不容易被找到，如 $\frac{\sin x}{x}$（$x \neq 0$），e^{-x^2}。此外，还有一些函数的原函数虽然存在，但计算时的难度较大，因此大量的积分问题无法直接借助牛顿-莱布尼茨公式进行计算。另外，数学上还经常进行函数的微分，如人工智能中常用的随机梯度下降，牛顿法、BFGS 等优化算法及微分方程的求解都涉及微分运算。而实际问题面对的函数往往都比较复杂，直接获取函数的微分并不容易。

数值积分和数值微分分别是求定积分和函数在某点导数值的数值计算方法。随着数值计算方法的日益发展，数值积分和数值微分已经成为多种数值计算方法中必不可少的组成部分。比如，应用有限元方法求解流体问题时用数值积分代替定积分可以简化计算，微分方程建模问题通常需借助数值微分才能实现高效模拟。目前，数值积分和数值微分是数值计算方法中理论性和实践性很强的内容。这里介绍的数值积分主要包含牛顿-柯特斯（Cotos）公式、高斯-勒让德求积公式和理查森（Richardson）外推公式；数值微分主要包含差商型数值微分公式、插值型数值微分公式和数值微分外推公式。

一、学习目标

掌握数值积分和数值微分的基本算法原理及求解思路；掌握算法的 Python 求解过程。

二、案例引导

椭圆形卫星轨道周长的计算公式是

$$S = 4a\int_0^{\frac{\pi}{2}} \sqrt{1-\left(\frac{c}{a}\right)^2 \sin^2 \theta} \mathrm{d}\theta$$

其中，a 为椭圆半长轴；c 为地球中心与轨道中心（椭圆中心）的距离。a 和 c 满足以下关系：

$$a=\frac{2R+H+h}{2},\quad c=\frac{H-h}{2}$$

其中，h 为近地点距离；H 为远地点距离；$R=6371\text{km}$ 为地球半径。

1970 年 4 月 24 日，我国第一颗人造卫星“东方红一号”成功发射，中国从此正式进入太空时代。其近地点离地面 439km，远地点离地面 2384km，求卫星轨道的周长。

三、知识链接

已知函数 $f(x)$ 在点 $a\leqslant x_0<x_1<\cdots<x_n\leqslant b$ 上的函数值 $f(x_i)\,(i=0,1,\cdots,n)$，根据数值积分的思想，用这些点的函数值 $f(x_i)$ 的线性组合来近似 $\int_a^b f(x)\mathrm{d}x$，一般形式为

$$\int_a^b f(x)\mathrm{d}x\approx\sum_{k=0}^{n}\omega_k f(x_k) \tag{3.1}$$

得到式（3.1）的一种思路是，先用已知的节点信息构造简单函数 $P(x)$ 近似 $f(x)$，即 $f(x)\approx P(x)$。此时 $P(x)$ 的积分容易计算，再由 $\int_a^b f(x)\mathrm{d}x\approx\int_a^b P(x)\mathrm{d}x$ 推导得到求积公式（3.1）。

比如，根据插值法容易构造 $f(x)$ 在节点 $(x_i,f(x_i))\,(i=0,1,\cdots,n)$ 上的插值多项式函数：

$$L_n(x)=\sum_{k=0}^{n}f(x_k)l_k(x)$$

其中，$l_k(x)$ 为 n 次插值基函数。这样就得到以下近似求积公式：

$$\int_a^b f(x)\mathrm{d}x\approx\int_a^b L_n(x)\mathrm{d}x=\int_a^b\sum_{k=0}^{n}f(x_k)l_k(x)\mathrm{d}x=\sum_{k=0}^{n}A_k f(x_k) \tag{3.2}$$

其中

$$A_k=\int_a^b l_k(x)\mathrm{d}x,\quad k=0,1,\cdots,n \tag{3.3}$$

由式（3.3）确定的求积公式（3.2）称为插值型求积公式。

定义 3.1 如果求积公式（3.1）对所有次数小于或等于 m 的多项式都精确成立，但对某个 $m+1$ 次多项式不能精确成立，则称求积公式（3.1）具有 m 次代数精度。

定理 3.1 求积公式（3.1）具有至少 n 次代数精度的充要条件是它是插值型求积公式。

由定义 3.1 可知，代数精度可用来刻画数值求积公式的准确程度。由定理 3.1 可知，$n+1$ 个节点的插值型求积公式的代数精度至少为 n 次。本章介绍几种常用的插值型求积公式，包括等分节点下插值得到的牛顿-柯特斯公式，分段插值得到的复合求积公式，以及以勒让德多项式的零点作为插值节点得到的高斯-勒让德求积公式等。

1. 牛顿-柯特斯公式

1）基本原理

将区间$[a,b]$划分为n等份，步长$h=\dfrac{b-a}{n}$，选取等距节点$x_k=a+kh$为插值节点，此时构造出的插值型求积公式（3.2）可改写为以下等价形式：

$$\int_a^b f(x)\mathrm{d}x \approx (b-a)\sum_{k=0}^{n} C_k^{(n)} f(x_k) \tag{3.4}$$

式（3.4）为牛顿-柯特斯公式。其中，$C_k^{(n)}=\dfrac{(-1)^{n-k}}{nk!(n-k)!}\int_0^n \prod_{k\neq j}(t-j)\mathrm{d}t$为柯特斯系数，其和为 1。

当$n=1$时，$C_0^{(1)}=C_1^{(1)}=\dfrac{1}{2}$，

$$\int_a^b f(x)\mathrm{d}x \approx T=\frac{b-a}{2}[f(a)+f(b)] \tag{3.5}$$

这时的求积公式称为梯形公式。

当$n=2$时，柯特斯系数为

$$C_0^{(2)}=\frac{1}{4}\int_0^2 (t-1)(t-2)\mathrm{d}t=\frac{1}{6},\quad C_1^{(2)}=\frac{1}{2}\int_0^2 t(t-2)\mathrm{d}t=\frac{4}{6}=\frac{2}{3},\quad C_2^{(2)}=\frac{1}{4}\int_0^2 t(t-1)\mathrm{d}t=\frac{1}{6}$$

$$\int_a^b f(x)\mathrm{d}x \approx S=\frac{b-a}{6}\left[f(a)+4f\left(\frac{a+b}{2}\right)+f(b)\right] \tag{3.6}$$

这时的求积公式称为辛普森公式。

牛顿-柯特斯公式的误差可以由插值多项式的插值余项式（1.9）在区间$[a,b]$上积分得到。这里不再展开叙述。表 3.1 所示为部分牛顿-柯特斯公式的系数。

表 3.1　部分牛顿-柯特斯公式的系数

n	$C_k^{(n)}$								
1	$\frac{1}{2}$	$\frac{1}{2}$							
2	$\frac{1}{6}$	$\frac{2}{3}$	$\frac{1}{6}$						
3	$\frac{1}{8}$	$\frac{3}{8}$	$\frac{3}{8}$	$\frac{1}{8}$					
4	$\frac{7}{90}$	$\frac{16}{45}$	$\frac{2}{15}$	$\frac{16}{45}$	$\frac{7}{90}$				

续表

n	$C_k^{(n)}$								
5	$\frac{19}{288}$	$\frac{25}{96}$	$\frac{25}{144}$	$\frac{25}{144}$	$\frac{25}{96}$	$\frac{19}{288}$			
6	$\frac{41}{840}$	$\frac{9}{35}$	$\frac{9}{280}$	$\frac{34}{105}$	$\frac{9}{280}$	$\frac{9}{35}$	$\frac{41}{840}$		
7	$\frac{751}{17280}$	$\frac{3577}{17280}$	$\frac{1323}{17280}$	$\frac{2989}{17280}$	$\frac{2989}{17280}$	$\frac{1323}{17280}$	$\frac{3577}{17280}$	$\frac{751}{17280}$	
8	$\frac{989}{28350}$	$\frac{5888}{28350}$	$-\frac{982}{28350}$	$\frac{10496}{28350}$	$-\frac{4540}{28350}$	$\frac{10496}{28350}$	$-\frac{982}{28350}$	$\frac{5888}{28350}$	$\frac{989}{28350}$

从表 3.1 可以看出，当 $n=8$ 时，柯特斯系数出现负数且系数的绝对值之和大于 1，通过相关理论推导可以发现，此时计算结果的误差因初始误差而增大。所以，当 $n\geqslant 8$ 时，牛顿-柯特斯公式是不稳定的。一般使用 $n\leqslant 4$ 的低次牛顿-柯特斯公式。

2）算法步骤

（1）输入被积函数 $f(x)$、区间 $[a,b]$ 及剖分数 n。

（2）记 $h=\dfrac{b-a}{n}$，计算等距节点 x_k、牛顿-柯特斯系数 $C_k^{(n)}$（$k=0,1,2,\cdots,n$）。

（3）通过 $(b-a)\sum\limits_{k=0}^{n}C_k^{(n)}f(x_k)$ 获得 $\int_a^b f(x)\mathrm{d}x$ 的近似值。

（4）输出近似值，结束。

3）算法实现

例 3.1 用梯形公式和辛普森公式计算积分 $\int_0^1\dfrac{x}{1+x^2}\mathrm{d}x$。

解：（1）理论求解。记 $a=0,b=1,f(x)=\dfrac{x}{1+x^2}$，由梯形公式（3.5）得

$$\int_0^1\frac{x}{1+x^2}\mathrm{d}x\approx\frac{b-a}{2}(f(a)+f(b))=\frac{1}{2}\times\frac{1}{2}=0.25$$

由辛普森公式（3.6）得

$$\int_0^1\frac{x}{1+x^2}\mathrm{d}x\approx\frac{b-a}{6}[f(a)+4f(\frac{a+b}{2})+f(b)]=\frac{1}{6}\times(4\times\frac{2}{5}+\frac{1}{2})=0.35$$

（2）程序实现。Python 程序代码如下：

```
import math
import numpy as np
import matplotlib.pyplot as plt
def f(x):
```

```
    y=x/(1+x**2)
    return y

#梯形公式：f 为待求解积分，a 为积分下限，b 为积分上限
def TX(f,a,b):
    TX = 0.5 * (b - a) * (f(a) + f(b))
    print("梯形公式计算结果为：TX = ", TX)

#辛普森公式：f 为待求解积分，a 为积分下限，b 为积分上限
def XPS(f,a,b):
    XPS = (b-a)*(f(a)+4*f((a+b)/2)+f(b))/6.0
    print("辛普森公式计算结果为：XPS = ", XPS)

if __name__ == '__main__':
    a = input("a = ")  # 积分下限
    b = input("b = ")  # 积分上限
    a = float(a)  # 转换为 float 类型
    b = float(b)

    TX(f,a,b) #调用梯形公式求解
    XPS(f,a,b) #调用辛普森公式求解
```

输出结果如下：

```
a = 0
b = 1
梯形公式计算结果为：TX =  0.25
辛普森公式计算结果为：XPS =  0.35000000000000003
```

2．复合求积公式

1）基本原理

插值型求积公式是常用的数值积分公式，但在使用低次插值构造数值积分时，积分区间太大、插值节点太少等导致精度不够，而高次插值又容易出现龙格现象，且$n \geqslant 8$时牛顿-柯特斯公式不稳定，因此不能通过提高次数的方法提高精度。通常的解决办法是把积分区间分成若干个子区间，在每个子区间上使用次数较低的牛顿-柯特斯公式，每个子区间的值加起来作为函数在整个区间上积分的近似值，这种方法称为复合求积法。复合求积法实际上就是分段插值法的直接应用。

（1）复合梯形公式。

将区间$[a,b]$划分为n等份，步长$h=\dfrac{b-a}{n}$，则等距节点$x_k=a+kh$，$k=0,1,\cdots,n-1$。在每个子区间上应用梯形公式，则有

$$\int_{x_k}^{x_{k+1}} f(x)\mathrm{d}x = \frac{h}{2}\left[f(x_k)+f(x_{k+1})\right]-\frac{h^3}{12}f''(\xi_k)，\quad x_k<\xi_k<x_{k+1}$$

那么

$$I=\int_a^b f(x)\mathrm{d}x=\sum_{k=0}^{n-1}\int_{x_k}^{x_{k+1}} f(x)\mathrm{d}x=\frac{h}{2}\sum_{k=0}^{n-1}\left[f(x_k)+f(x_{k+1})\right]-\frac{h^3}{12}\sum_{k=0}^{n-1}f''(\xi_k)$$

若 $f''(x)$ 在区间 $[a,b]$ 上连续，则在区间 (a,b) 中存在一点 ξ，使得 $\frac{1}{n}\sum_{k=0}^{n-1}f''(\xi_k)=f''(\xi)$，从而可得

$$I=\int_a^b f(x)\mathrm{d}x=\frac{h}{2}[f(a)+2\sum_{k=1}^{n-1}f(x_k)+f(b)]+R_T$$

称

$$T_n=\frac{h}{2}[f(a)+2\sum_{k=1}^{n-1}f(x_k)+f(b)] \tag{3.7}$$

为复合梯形公式，余项 $R_T=I-T_n=-\frac{b-a}{12}h^2f''(\xi), a<\xi<b$。

（2）复合辛普森公式。

用等距节点 $a=x_0<x_1<\cdots<x_n=b$ 将区间 $[a,b]$ 均匀划分为 n 个子区间 $[x_k,x_{k+1}]$，$k=0,1,\cdots,n-1$，区间长度为 $h=\frac{b-a}{n}$，子区间 $[x_k,x_{k+1}]$ 的中点为 $x_{k+1/2}=x_k+\frac{1}{2}h$，在每个子区间上应用辛普森公式，则有

$$\begin{aligned}I&=\int_a^b f(x)\mathrm{d}x=\sum_{k=0}^{n-1}\int_{x_k}^{x_{k+1}} f(x)\mathrm{d}x\\&=\frac{h}{6}\sum_{k=0}^{n-1}[f(x_k)+4f(x_{k+1/2})+f(x_{k+1})]+R_s\end{aligned}$$

称

$$\begin{aligned}S_n&=\frac{h}{6}\sum_{k=0}^{n-1}[f(x_k)+4f(x_{k+1/2})+f(x_{k+1})]\\&=\frac{h}{6}\left[f(a)+4\sum_{k=0}^{n-1}f(x_{k+1/2})+2\sum_{k=1}^{n-1}f(x_k)+f(b)\right]\end{aligned} \tag{3.8}$$

为复合辛普森公式。余项 $R_s=I-S_n=-\frac{b-a}{180}\left(\frac{h}{2}\right)^4 f^{(4)}(\xi)$，$a<\xi<b$。

（3）复合牛顿-柯特斯公式。

先将区间 $[a,b]$ 均匀地划分为 n 个子区间 $[x_k,x_{k+1}]$（k=0,1,2,⋯,n−1），步长 $h_n=\frac{b-a}{n}$，再将每个子区间 $[x_k,x_{k+1}]$ 划分为 m 等份。在每个小区间 $[x_k,x_{k+1}]$ 上应用牛顿-柯特斯公式，则

$$I=\int_a^b f(x)\mathrm{d}x=\sum_{k=0}^{n-1}\int_{x_k}^{x_{k+1}} f(x)\mathrm{d}x \approx \sum_{k=0}^{n-1}\sum_{i=0}^{m}(x_{k+1}-x_k)C_{k_i}^{(m)}f(x_{k_i})=h_n\sum_{k=0}^{n-1}\sum_{i=0}^{m}C_{k_i}^{(m)}f(x_{k_i})$$

此公式为复合牛顿-柯特斯公式，其中 x_{k_i} 表示区间 $[x_k,x_{k+1}]$ 上第 i 个点的坐标（i=0,1,2,⋯,m）。

2）算法步骤

（1）输入被积函数 $f(x)$、区间 $[a,b]$ 及剖分数 n、子区间 $[x_k,x_{k+1}]$ 的剖分数 m。

（2）记 $h_m=\dfrac{b-a}{nm}$，利用 $x_{k_i}=x_j=a+jh_m$ 生成等距节点 x_{k_i}，计算每个子区间上的牛顿-柯特斯公式的系数 $C_{k_i}^{(m)}$（$j=0,1,2,\cdots,nm$）。

（3）计算定积分的近似值，通过 $h_n\sum\limits_{k=0}^{n-1}\sum\limits_{i=0}^{m}C_{k_i}^{(m)}f(x_{k_i})$ 获得 $\int_a^b f(x)\mathrm{d}x$ 的近似值。

（4）输出近似值，结束。

3）算法实现

例 3.2 用复合梯形公式和复合辛普森公式计算积分 $\int_0^1\dfrac{x}{1+x^2}\mathrm{d}x$（取 $n=4$）。

解：（1）理论求解。记 $a=0,\ b=1,f(x)=\dfrac{x}{1+x^2}$，则 $h=\dfrac{b-a}{n}=\dfrac{1}{4}$，$x_k=a+kh$，由复合梯形公式（3.7）得

$$\begin{aligned}T_n&=\frac{h}{2}\left[f(a)+2\sum_{k=1}^{n-1}f(x_k)+f(b)\right]\\&=\frac{1}{8}\times[f(0)+2\times(f(0.25)+f(0.5)+f(0.75))+f(1)]\\&\approx 0.341324\end{aligned}$$

由复合辛普森公式（3.8）得

$$\begin{aligned}S_n&=\frac{h}{6}\left[f(a)+4\sum_{k=0}^{n-1}f(x_{k+1/2})+2\sum_{k=1}^{n-1}f(x_k)+f(b)\right]\\&=\frac{1}{24}\Big[f(0)+4\times\big(f(0.125)+f(0.375)+f(0.625)+f(0.875)\big)+\\&\quad 2\times\big(f(0.25)+f(0.5)+f(0.75)\big)+f(1)\Big]\\&\approx 0.346584\end{aligned}$$

（2）程序实现。Python 程序代码如下：

```
import math
import numpy as np
import matplotlib.pyplot as plt
```

```
def f(x):
    y=x/(1+x**2)
    return y

#复合梯形公式 f为待求解积分 a为积分下限 b为积分上限 n为区间等分数
def FHTX(f,a,b,n):
    ti=0.0
    h=(b-a)/n
    ti=f(a)+f(b)
    for k in range(1,int(n)):
        xk=a+k*h
        ti = ti + 2 * f(xk)
    FHTX = ti*h/2
    print("复合梯形公式计算结果为: FHTX = ", FHTX)

#复合辛普森公式 f为待求解积分 a为积分下限 b为积分上限 n为区间等分数
def FHXPS(f,a,b,n):
    si=0.0
    h = (b - a) / (2 * n)
    si=f(a)+f(b)
    for k in range(1,int(n)):
        xk = a + k * 2 * h
        si = si + 2 * f(xk)
    for k in range(int(n)):
        xk = a + (k * 2 + 1) * h
        si = si + 4 * f(xk)
    FHXPS = si*h/3
    print("复合辛普森公式计算结果为: FHXPS = ", FHXPS)

if __name__ == '__main__':
    a = input("a = ")  # 积分下限
    b = input("b = ")  # 积分上限
    a = float(a)  # 转换为float类型
    b = float(b)
    n = input("n = ") #区间等分数
    n = float(n)
    FHTX(f,a,b,n) #调用复合梯形公式求解
    FHXPS(f,a,b,n) #调用复合辛普森公式求解
```

输出结果如下：

```
a = 0
b = 1
```

```
n = 4
复合梯形公式计算结果为: FHTX =  0.3413235294117647
复合辛普森公式计算结果为: FHXPS =  0.34658408811237545
```

3. 高斯-勒让德求积公式

插值型求积公式的思想简单且易于实现，并且$n+1$个节点的插值型求积公式代数精度至少为n次，那么$n+1$个节点的插值型求积公式的代数精度最高能到多少次呢？怎么做才能让精度最高呢？用下面的定理来回答这一问题。

定理 3.2 插值型求积公式（3.2）的代数精度不超过$2n+1$次。如果插值型求积公式（3.2）代数精度达到最高的$2n+1$次，那么此时的插值节点$x_0<x_1<\cdots<x_n$称为高斯点，相应的求积公式称为高斯求积公式。

也就是说，以高斯点作为插值节点的插值型求积公式的代数精度最高。那么高斯点又如何获得呢？下面给出另一个重要定理。

定理 3.3 插值型求积公式（3.2）的插值节点$x_0<x_1<\cdots<x_n$为高斯点的充要条件是$n+1$次多项式$\omega_{n+1}(x)=(x-x_0)(x-x_1)\cdots(x-x_n)$与任意不超过$n$次的多项式$P(x)$都正交，即

$$\int_a^b \omega_{n+1}(x)P(x)\mathrm{d}x=0 \tag{3.9}$$

由此可知，只要找到满足式（3.9）的$n+1$次多项式$\omega_{n+1}(x)$，其零点就是高斯点，进而确定代数精度最高的高斯求积公式。

由曲线拟合中正交多项式的相关理论可知，当积分区间是$[-1,1]$时满足式（3.9）的多项式正是勒让德多项式。由其零点作为高斯点，所得求积公式就称为高斯-勒让德求积公式。

1）基本原理

当求积区间为$[-1,1]$时，得到高斯-勒让德求积公式：

$$\int_{-1}^1 f(x)\mathrm{d}x \approx \sum_{k=0}^n A_k f(x_k)$$

其中，x_k为高斯点；A_k为不依赖于$f(x)$的高斯求积系数（$k=0,1,2,\cdots,n$）。

因为勒让德多项式是区间$[-1,1]$上的正交多项式，所以高斯-勒让德求积公式的高斯点x_k就是勒让德多项式的零点；高斯-勒让德求积公式的高斯求积系数A_k通过式（3.3）求得。表 3.2 所示为区间$[-1,1]$上低阶的高斯点x_k和高斯求积系数A_k。

表 3.2 区间[-1,1]上低价的高斯点 x_k 和高斯求积系数 A_k

高斯点的个数 $n+1$	代数精度	高斯点 x_k	高斯求积系数 A_k
1	1	0	2

续表

高斯点的个数 $n+1$	代数精度	高斯点 x_k	高斯求积系数 A_k
2	3	$-\frac{1}{\sqrt{3}}$	1
		$\frac{1}{\sqrt{3}}$	1
3	5	$-\sqrt{\frac{3}{5}}$	$\frac{5}{9}$
		0	$\frac{8}{9}$
		$\sqrt{\frac{3}{5}}$	$\frac{5}{9}$

比如，由表 3.2 可知两个点的高斯-勒让德求积公式为

$$\int_{-1}^{1} f(x)\mathrm{d}x \approx f\left(-\frac{1}{\sqrt{3}}\right)+f\left(\frac{1}{\sqrt{3}}\right)$$

代数精度为 3。

对于一般区域$[a,b]$的定积分，需要先做变量替换：

$$x=\frac{a+b}{2}+\frac{b-a}{2}t$$

将积分区间转化为$[-1,1]$，即

$$\int_{a}^{b} f(x)\mathrm{d}x=\frac{b-a}{2}\int_{-1}^{1} f\left(\frac{a+b}{2}+\frac{b-a}{2}t\right)\mathrm{d}t$$

再对等式右边应用高斯-勒让德求积公式。

2）算法步骤

（1）输入被积函数$f(x)$、区间$[a,b]$、高斯点个数n。

（2）生成区间$[-1,1]$上的高斯点x_k和高斯求积系数A_k。

（3）对于区间$[a,b]$，通过$y=\frac{a+b}{2}+\frac{b-a}{2}x$求得区间$[a,b]$上的高斯点$y_k$，即

$$\begin{aligned}\int_{a}^{b} f(y)\mathrm{d}y&=\int_{-1}^{1} f\left(\frac{a+b}{2}+\frac{b-a}{2}x\right)\mathrm{d}\left(\frac{a+b}{2}+\frac{b-a}{2}x\right)\\&=\frac{b-a}{2}\sum_{k=0}^{n}A_k f\left(\frac{a+b}{2}+\frac{b-a}{2}x_k\right)\\&=\sum_{k=0}^{n}B_k f(y_k)\end{aligned}$$

其中，$B_k=\frac{b-a}{2}A_k$（$k=1,2,\dots,n$）。

（4）通过 $\sum_{k=0}^{n} B_k f(y_k)$ 获得 $\int_a^b f(y)\mathrm{d}y$ 的近似值。

（5）输出近似值，结束。

3）算法实现

例 3.3 用高斯-勒让德求积公式计算积分 $\int_0^1 \frac{x}{1+x^2}\mathrm{d}x$ （取 $n=2$ ）。

Python 程序代码如下：

```
from sympy import *
from scipy.special import perm,comb
x,t = symbols("x,t")
#积分区间
a = 0 #下界
b = 1 #上界

#需要求积的目标函数
def f(x):
    f =x/(1+x**2)
    return f

n = 2  #n 次多项式正交，n 越大精度越高
#勒让德多项式
def Le(n):
    df = diff((x ** 2 - 1) ** (n + 1), x, n + 1)
    # Python 内置阶乘函数 factorial
    L = 1 /2**(n+1)/factorial(n+1) * df
    return L

#求高斯点 x
def gaosidian(n):
    x_k_list = solve(Le(n))   #求得零点解集
    return x_k_list

#求积系数 A
def qiujixishu(x_k_list):
    A_list = []
    for x_k in x_k_list:
        A = 2/(1-x_k**2)/(diff(Le(n),x,1).subs(x,x_k))**2
        A_list.append(A)
    return A_list
```

```
result = 0
x_k_list =gaosidian(n)
A_list = qiujixishu(gaosidian(n))
sum = len(A_list)
#如果所求区间非[-1,1],那么做区间变换
if a == -1 and b == 1:
    for i in range(sum):
        result += (A_list[i] * f(x_k_list[i])).evalf()
    print(result)
#将公式中的区间(a,b)转换为[-1,1]
else:
    for i in range(sum):
        X = (b-a)/2 * x_k_list[i] + (a+b)/2  #区间变换
        result += (b-a)/2 * (A_list[i] * f(X)).evalf()
print("高斯-勒让德求积计算结果为: result= ", result)
```

输出结果如下：

```
高斯-勒让德求积计算结果为: result=  0.346593001841621
```

4. 理查森外推公式

复合求积公式比直接使用牛顿-柯特斯公式更加有效且稳定，但使用过程中需要确定合适的步长。若步长小，则计算精度高，且计算量也随之变大。若步长太大，则不能保证精度。要确定合适的步长，往往需要借助理查森外推的思想，加速寻求最优步长下的数值积分。下面以复合梯形公式为例，介绍理查森外推的思想。

1）基本原理

当区间$[a,b]$被分为n等份时，根据复合梯形公式可得

$$I=T_0(h)-\frac{b-a}{12}h^2 f''(\eta)$$

其中，$h=\dfrac{b-a}{n}$；$T_0(h)=\dfrac{h}{2}\sum_{i=1}^{n}\left[\left(f(x_i)+f(x_{i-1})\right)\right]$；$\eta\in[a,b]$。

由泰勒（Taylor）展开式可得

$$f(\eta+h)=f(\eta)+\sum_{n=0}^{\infty}\frac{1}{n!}h^n f^{(n)}(\eta)，\quad f(\eta-h)=f(\eta)+\sum_{n=0}^{\infty}(-1)^n\frac{1}{n!}h^n f^{(n)}(\eta)$$

将两式相减，得

$$\begin{aligned}f''(\eta)&=\frac{f(\eta+h)-2f(\eta)+f(\eta-h)}{h^2}\\&=\frac{1}{h^2}\sum_{n=0}^{\infty}\frac{2}{(2n+2)!}h^{2n+2}f^{(2n+2)}(\eta)\end{aligned}$$

令

$$\frac{b-a}{12}h^2 f''(\eta) = a_1 h^2 + a_2 h^4 + \cdots + a_i h^{2i} + \cdots$$

其中，$a_1, a_2, \cdots$ 与 h 无关。可得

$$T_0(h) = I + a_1 h^2 + a_2 h^4 + \cdots + a_i h^{2i} + \cdots$$

从上式可以看出 $T_0(h) \approx I$ 是 $O(h^2)$ 阶。二分区间可以提升求积公式的精度，但要达到需要的精度，往往需要多次二分，且计算量大。这时可以采用以下外推算法更快速地提高精度。具体地，首先用 $h/2$ 代替 $T_0(h)$ 中的 h，可得

$$T_0\left(\frac{h}{2}\right) = I + \frac{a_1 h^2}{4} + \frac{a_2 h^4}{16} + \cdots + a_i \left(\frac{h}{2}\right)^{2i} + \cdots$$

用 $4T_0\left(\frac{h}{2}\right)$ 减去 $T_0(h)$ 再除以 3 后所得的式子记为 $T_1(h)$，则

$$T_1(h) = I + b_1 h^4 + b_2 h^6 + \cdots + b_i h^{2i+2} + \cdots$$

此时可以发现 $T_1(h) \approx I$ 是 $O(h^4)$ 阶。继续用 $h/2$ 代替 $T_1(h)$ 中的 h，可得

$$T_1\left(\frac{h}{2}\right) = I + b_1\left(\frac{h}{2}\right)^4 + b_2\left(\frac{h}{2}\right)^6 + \cdots + b_i\left(\frac{h}{2}\right)^{2i+2} + \cdots$$

用 $16T_1\left(\frac{h}{2}\right)$ 减去 $T_1(h)$ 再除以 15 后所得的式子记为 $T_2(h)$，则

$$T_2(h) = I + c_1 h^6 + c_2 h^8 + \cdots + b_i h^{2i+4} + \cdots$$

此时可以发现 $T_2(h) \approx I$ 是 $O(h^6)$ 阶。如此继续下去，就得到以下理查森外推公式：

$$T_m(h) = \frac{4^m}{4^m - 1} T_{m-1}\left(\frac{h}{2}\right) - \frac{1}{4^m - 1} T_{m-1}(h)$$

其中，m（$m = 1, 2, \cdots$）为外推的次数，且经过 m 次外推后的误差为 $O\left(h^{2(m+1)}\right)$。

设 k 为区间 $[a,b]$ 的二分次数，$T_0^{(k)}$ 为二分 k 次后求得的梯形值，且用 $T_m^{(k)}$ 表示序列 $\left\{T_0^{(k)}\right\}$ 的 m 次外推值，则理查森外推公式可改写为

$$T_m^{(k)} = \frac{4^m}{4^m - 1} T_{m-1}^{(k+1)} - \frac{1}{4^m - 1} T_{m-1}^{(k)}$$

上述公式也称为龙贝格求积算法。表 3.3 所示为龙贝格求积算法的计算过程（以下称为 T 表）。

表 3.3　龙贝格求积算法的计算过程

k	h	$T_0^{(k)}$	$T_1^{(k)}$	$T_2^{(k)}$	…
0	$b-a$	$T_0^{(0)}\downarrow$			
1	$(b-a)/2$	$T_0^{(1)}\downarrow\rightarrow$	$T_1^{(0)}$		
2	$(b-a)/4$	$T_0^{(2)}\downarrow\rightarrow$	$T_1^{(1)}\downarrow\rightarrow$	$T_2^{(0)}$	
⋮	⋮	⋮	⋮	⋮	⋱

2）算法步骤

（1）输入积分区间$[a,b]$、预先给出期望的精度ε。

（2）依次计算T表的第一列，根据递推公式$T_0^{(k)}=\dfrac{1}{2}T_0^{(k-1)}+\dfrac{h}{2}\sum\limits_{i=0}^{n}f\left(x_{i+1/2}\right)$计算$T_0^{(k)}$（$k=1,2,\cdots$），$n=2^k$为区间等分数。其中$T_0^{(0)}$可以用梯形公式、辛普森公式等求得。

（3）求表 3.3 的其他值，根据理查森外推公式$T_m^{(k)}=\dfrac{4^m}{4^m-1}T_{m-1}^{(k+1)}-\dfrac{1}{4^m-1}T_{m-1}^{(k)}$求出$T_i^{(k-i)}$（$i=1,2,\cdots,k$）。

（4）检查精度和更新二分次数，若$T_k^{(0)}-T_{k-1}^{(0)}\leqslant\varepsilon$，则$T_k^{(0)}$是满足精度要求的近似解，结束；否则，令$k+1$取代$k$回到步骤（3）。

5．多重数值积分公式

1）基本原理

对于二重积$\iint\limits_{\Omega}f(x,y)\mathrm{d}x\mathrm{d}y$，$\Omega=\{a<x<b,\varphi_1(x)<y<\varphi_2(x)\}$为平面上的一个区域，$f(x,y)$在区域$\Omega$上连续，将二重积分化为累次积分：

$$\iint\limits_{\Omega}f(x,y)\mathrm{d}x\mathrm{d}y=\int_a^b\mathrm{d}x\int_{\varphi_1(x)}^{\varphi_2(x)}f(x,y)\mathrm{d}y$$

令$F(x)=\int_{\varphi_1(x)}^{\varphi_2(x)}f(x,y)\mathrm{d}y$，先将区间$[a,b]$划分为$n$份，根据一维求积公式得

$$\int_a^b F(x)\mathrm{d}x\approx\sum_{i=0}^{n}\omega_i F(x_i)$$

再将区间$[\varphi_1(x_i),\varphi_2(x_i)]$划分为$m$份，根据一维求积公式得

$$F(x_i)=\int_{\varphi_1(x_i)}^{\varphi_2(x_i)}f(x_i,y)\mathrm{d}y\approx\sum_{j=0}^{m}\omega_j f(x_i,y_j)$$

综上所述，二维牛顿-柯特斯公式为

$$\iint\limits_{\Omega}f(x,y)\mathrm{d}x\mathrm{d}y\approx\sum_{i=0}^{n}\sum_{j=0}^{m}\omega_i\omega_j f(x_i,y_j)$$

根据上述方法，我们可以获得二维辛普森公式和二维高斯-勒让德求积公式。

二维辛普森公式为

$$\int_c^d \int_a^b f(x,y)\mathrm{d}x\mathrm{d}y \approx \frac{b-a}{6}\times\frac{d-c}{6}\left\{f(a,c)+f(b,c)+f(a,d)+f(b,d)+4\left[f\left(\frac{a+b}{2},c\right)+f\left(a,\frac{c+d}{2}\right)+f\left(b,\frac{c+d}{2}\right)+f\left(\frac{a+b}{2},d\right)\right]+16f\left(\frac{a+b}{2},\frac{c+d}{2}\right)\right\}$$

二维高斯-勒让德求积公式为

$$\int_{-1}^1 \mathrm{d}x\int_{-1}^1 f(x,y)\mathrm{d}y \approx \sum_{k=0}^n\sum_{l=0}^n A_{kl}f(x_k,y_l)$$

其中，x_k 和 y_l 为高斯点；A_{kl} 为高斯求积系数。二维高斯积分点和高斯求积系数可由一维高斯点和高斯求积系数求得。表 3.4 和表 3.5 所示分别为三角形区域 $[0,1]\times[0,1]$ 和矩形区域 $[-1,1]\times[-1,1]$ 上的部分高斯点 (x_k,y_l) 和高斯求积系数 A_{kl}。

表 3.4 三角形区域 $[0,1]\times[0,1]$ 上的部分高斯点 (x_k,y_l) 和高斯求积系数 A_{kl}

高斯点的个数 n	高斯点 (x_k,y_l)	高斯求积系数 A_{kl}
1	$\left(\frac{1}{3},\frac{1}{3}\right)$	1
3	$\left(\frac{1}{2},\frac{1}{2}\right)$	$\frac{1}{3}$
	$\left(\frac{1}{2},0\right)$	$\frac{1}{3}$
	$\left(0,\frac{1}{2}\right)$	$\frac{1}{3}$
4	$\left(\frac{1}{3},\frac{1}{3}\right)$	$-\frac{27}{48}$
	$\left(\frac{3}{5},\frac{1}{5}\right)$	$\frac{25}{48}$
	$\left(\frac{1}{5},\frac{1}{5}\right)$	$\frac{25}{48}$
	$\left(\frac{1}{5},\frac{3}{5}\right)$	$\frac{25}{48}$

表 3.5 矩形区域 $[-1,1]\times[-1,1]$ 上的部分高斯点 (x_k,y_l) 和高斯求积系数 A_{kl}

高斯的个数 n	高斯点 (x_k,y_l)	高斯求积系数 A_{kl}
1	(0,0)	4

续表

高斯点的个数 n	高斯点 (x_k, y_l)	高斯求积系数 A_{kl}
4	$\left(-\frac{1}{\sqrt{3}},-\frac{1}{\sqrt{3}}\right)$	1
	$\left(\frac{1}{\sqrt{3}},-\frac{1}{\sqrt{3}}\right)$	1
	$\left(\frac{1}{\sqrt{3}},\frac{1}{\sqrt{3}}\right)$	1
	$\left(-\frac{1}{\sqrt{3}},\frac{1}{\sqrt{3}}\right)$	1
9	$\left(-\sqrt{\frac{3}{5}},-\sqrt{\frac{3}{5}}\right)$	$\frac{25}{81}$
	$\left(-\sqrt{\frac{3}{5}},0\right)$	$\frac{40}{81}$
	$\left(-\sqrt{\frac{3}{5}},\sqrt{\frac{3}{5}}\right)$	$\frac{25}{81}$
	$\left(0,-\sqrt{\frac{3}{5}}\right)$	$\frac{40}{81}$
	$(0,0)$	$\frac{60}{81}$
	$\left(0,\sqrt{\frac{3}{5}}\right)$	$\frac{40}{81}$
	$\left(\sqrt{\frac{3}{5}},-\sqrt{\frac{3}{5}}\right)$	$\frac{25}{81}$
	$\left(\sqrt{\frac{3}{5}},0\right)$	$\frac{40}{81}$
	$\left(\sqrt{\frac{3}{5}},\sqrt{\frac{3}{5}}\right)$	$\frac{25}{81}$

2）算法步骤

（1）输入被积函数 $f(x,y)$、区间 $[a,b]$，生成 h_x、等距节点 x_i 和系数 ω_i（$i=1,2,\cdots,n$）。

（2）先计算 $F(x_i)$,求出 $[\varphi_1(x_i),\varphi_2(x_i)]$，生成 h_y、节点 y_j 和系数 ω_j（$j=1,2,\cdots,m$），再根据 $F(x_i)\approx\sum_{j=0}^{m}\omega_j f(x_i,y_j)$ 求出 $F(x_i)$。

（3）计算二重积分的近似值，通过 $\sum_{i=0}^{n}\omega_i F(x_i)$ 获得 $\iint_{\Omega} f(x,y)\mathrm{d}x\mathrm{d}y$ 的近似值。

（4）输出近似值，结束。

6. 差商型数值微分公式

1）基本原理

在微积分中，导数具有以下 3 种等价定义形式：

$$
\begin{aligned}
f'(x) &= \lim_{h\to 0}\frac{f(x+h)-f(x)}{h} \\
&= \lim_{h\to 0}\frac{f(x)-f(x-h)}{h} \\
&= \lim_{h\to 0}\frac{f(x+h)-f(x-h)}{2h}
\end{aligned}
$$

其中，h 为步长。用函数的差商近似函数的导数可以得到 3 种数值微分公式：

$$f'(x)\approx G_1(h)=\frac{f(x+h)-f(x)}{h}$$

$$f'(x)\approx G_2(h)=\frac{f(x)-f(x-h)}{h}$$

$$f'(x)\approx G_3(h)=\frac{f(x+h)-f(x-h)}{2h}$$

上述 3 种数值方法分别称为向前差商公式、向后差商公式和中心差商公式。形式上，中心差商公式是前两种方法的算数平均，但它的截断误差由 $O(h)$ 提升到 $O(h^2)$。在利用上述 3 种数值微分公式计算导数 $f'(a)$ 的近似值时，必须要进行误差分析。由截断误差可知，步长越小，计算结果越精准，但是太小的步长会导致较大的舍入误差。因此，怎样选择步长才能使截断误差和舍入误差的和最小呢？

对数值微分公式中的 $f(x+h), f(x-h)$ 进行泰勒展开就能得到误差表达式。以中心差商公式为例，截断误差为 $O(h^2)$ 且 $|f'(x)-G_3(h)|\leqslant\frac{h^2}{6}M$，$M\geqslant\max\limits_{|x-a|\leqslant h}|f'''(x)|$。而舍入误差的上确界为 $\frac{\varepsilon}{h}$，ε 是 $f(x+h)$ 和 $f(x-h)$ 产生的舍入误差的最大绝对值。因此，总的误差为 $\frac{h^2}{6}M+\frac{\varepsilon}{h}$。当 $\frac{h^2}{6}M+\frac{\varepsilon}{h}=0$ 时，总误差达到最小，此时 $h=\sqrt[3]{\frac{3\varepsilon}{M}}$。

可以看到，应用误差表达式确定步长比较困难，通常用事后估计方法选取步长。例如，给定误差界 δ，当 $\left|G_i\left(\frac{h}{2}\right)-G_i(h)\right|\leqslant\delta$（$i=1,2,\cdots$）时，$\frac{h}{2}$ 就是合适的步长。

2）算法步骤

（1）输入待求微分函数 $f(x)$、容许误差界 δ、初始步长 h。

（2）计算$\left|G_i\left(\frac{h}{2}\right)-G_i(h)\right|$（$i=1,2,\cdots$）。

（3）检查精度和更新步长，若$\left|G_i\left(\frac{h}{2}\right)-G_i(h)\right|\leqslant\delta$（$i=1,2,\cdots$），则$G_i\left(\frac{h}{2}\right)$是满足精度要求的近似解，退出；否则，令$h\leftarrow\frac{h}{2}$回到步骤（2）。

7．插值型数值微分公式

1）基本原理

给定函数$f(x)$在x_i上的函数值$f(x_i)(i=0,1,\cdots,n)$，可以建立插值多项式$L_n(x)$，用插值多项式$L_n(x)$的导数$L_n'(x)$近似函数$f(x)$的导数$f'(x)$，这样建立的数值微分公式

$$L_n'(x)\approx f'(x)$$

为插值型数值微分公式。

根据插值余项，插值型微分公式的余项为

$$f'(x)-L_n'(x)=\frac{\mathrm{d}}{\mathrm{d}x}\left(\frac{f^{(n+1)}(\xi)}{(n+1)!}\prod_{i=0}^{n}(x-x_i)\right)$$

如果限定在某一定点x_k，那么有

$$f'(x_k)-L_n'(x_k)=\frac{f^{(n+1)}(\xi)}{(n+1)!}\prod_{\substack{i=0\\k\neq i}}^{n}(x_k-x_i)$$

此外，还可以进一步建立高阶的数值微分公式$L_n^{(k)}(x)\approx f^{(k)}(x)$（$k=1,2,\cdots$）。下面给出几个常用的低次数值微分公式。

（1）两点公式。

已知节点x_0和$x_1=x_0+h$及其函数值$f(x_0)$和$f(x_1)$，做线性插值得

$$L_1(x)=\frac{x-x_1}{x_0-x_1}f(x_0)+\frac{x-x_0}{x_1-x_0}f(x_1)$$

对上式两边求导，有

$$L_1'(x)=\frac{1}{h}\left[f(x_1)-f(x_0)\right]$$

进而得到两点公式：

$$L_1'(x_0)=\frac{1}{h}\left[f(x_1)-f(x_0)\right]$$

$$L_1'(x_1)=\frac{1}{h}\left[f(x_1)-f(x_0)\right]$$

而带有误差项的两点公式为

$$f'(x_0)=\frac{1}{h}\left[f(x_1)-f(x_0)\right]-\frac{h}{2}f''(\xi_0)$$

$$f'(x_1)=\frac{1}{h}\left[f(x_1)-f(x_0)\right]+\frac{h}{2}f''(\xi_1)$$

（2）三点公式。

已知节点 $x_0, x_1=x_0+h, x_2=x_0+2h$ 及其函数值 $f(x_0), f(x_1), f(x_2)$，做二次插值得

$$L_2(x)=\frac{(x-x_1)(x-x_2)}{(x_0-x_1)(x_0-x_2)}f(x_0)+\frac{(x-x_0)(x-x_2)}{(x_1-x_0)(x_1-x_2)}f(x_1)+\frac{(x-x_0)(x-x_1)}{(x_2-x_0)(x_2-x_1)}f(x_2)$$

对上式两边求导，得

$$L_2'(x)=\frac{1}{2h^2}\left[(2x-x_1-x_2)f(x_0)-2(2x-x_0-x_2)f(x_1)+(2x-x_0-x_1)f(x_2)\right]$$

进而得到三点公式：

$$L_2'(x_0)=\frac{1}{2h}\left[-3f(x_0)+4f(x_1)-f(x_2)\right]$$

$$L_2'(x_1)=\frac{1}{2h}\left[-f(x_0)+f(x_2)\right]$$

$$L_2'(x_2)=\frac{1}{2h}\left[f(x_0)-4f(x_1)+3f(x_2)\right]$$

而带有误差项的三点公式为

$$f'(x_0)=\frac{1}{2h}\left[-3f(x_0)+4f(x_1)-f(x_2)\right]+\frac{h^2}{3}f'''(\xi_0)$$

$$f'(x_1)=\frac{1}{2h}\left[-f(x_0)+f(x_2)\right]-\frac{h^2}{6}f'''(\xi_1)$$

$$f'(x_2)=\frac{1}{2h}\left[f(x_0)-4f(x_1)+3f(x_2)\right]+\frac{h^2}{3}f'''(\xi_2)$$

（3）五点公式。

已知节点 $x_i=x_0+ih$ 及其函数值 $f(x_i)$（$i=0,1,2,3,4$），通过做插值求导，可得以下带有误差项的五点公式：

$$f'(x_0)=\frac{1}{12h}\left[-25f(x_0)+48f(x_1)-36f(x_2)+16f(x_3)-3f(x_4)\right]+\frac{h^4}{5}f^{(5)}(\xi_0)$$

$$f'(x_1)=\frac{1}{12h}\left[-3f(x_0)-10f(x_1)+18f(x_2)-6f(x_3)+f(x_4)\right]-\frac{h^4}{20}f^{(5)}(\xi_1)$$

$$f'(x_2)=\frac{1}{12h}\left[f(x_0)-8f(x_1)+8f(x_3)-f(x_4)\right]-\frac{h^4}{30}f^{(5)}(\xi_2)$$

$$f'(x_3)=\frac{1}{12h}\left[-f(x_0)+6f(x_1)-18f(x_2)+10f(x_3)+3f(x_4)\right]-\frac{h^4}{20}f^{(5)}(\xi_3)$$

$$f'(x_4)=\frac{1}{12h}\left[3f(x_0)-16f(x_1)+36f(x_2)-48f(x_3)+25f(x_4)\right]+\frac{h^4}{5}f^{(5)}(\xi_4)$$

2）算法步骤

（1）建立插值多项式 $L_n(x)$，根据给定的数据，利用拉格朗日插值法、牛顿插值法等建立插值多项式 $L_n(x)$。

（2）对插值多项式 $L_n(x)$ 求导。

（3）输出近似值，结束。

8．数值微分外推公式

1）基本原理

对数值微分中点公式 $f'(x)\approx T(h)=\dfrac{f(x+h)-f(x-h)}{2h}$ 的 $f(x)$ 泰勒展开，有

$$f'(x)=T(h)+a_1h^2+a_2h^4+\cdots$$

其中，a_i（$i=1,2,\cdots$）与 h 无关。对上式应用理查森外推公式并令 $T_0(h)=T(h)$，有

$$T_m(h)=\frac{4^m}{4^m-1}T_{m-1}\left(\frac{h}{2}\right)-\frac{1}{4^m-1}T_{m-1}(h),\quad m=1,2,\cdots$$

上式称为数值微分外推公式。根据理查森外推公式，经过 m 次加速后数值微分外推公式的误差为 $O\left(h^{2(m+1)}\right)$。通过误差可以发现当 m 较大时，近似解更精确。但是，随着 m 变大，舍入也随之增加，因此 m 不宜太大。表 3.6 所示为数值微分外推公式的计算过程。

表 3.6　数值微分外推公式的计算过程

m	T_0	T_1	T_2	…
0	$T_0(h)$			
1	$T_0\left(\frac{h}{2}\right)$	$T_1(h)$		
2	$T_0\left(\frac{h}{2^2}\right)$	$T_1\left(\frac{h}{2}\right)$	$T_2(h)$	
⋮	⋮	⋮	⋮	⋮

2）算法步骤

（1）定义求导点 x_0、精度控制 ε 和步长 h。

（2）计算 $T_0\left(\frac{h}{2^m}\right)$，根据中点公式 $T(h)=\frac{f(x+h)-f(x-h)}{2h}$ 计算 $T_0\left(\frac{h}{2^m}\right)$，$m=1,2,\cdots$。

（3）根据数值微分外推公式 $T_m(h)=\frac{4^m}{4^m-1}T_{m-1}\left(\frac{h}{2}\right)-\frac{1}{4^m-1}T_{m-1}(h)$ 求出 T_i（$i=1,2,\cdots,m$）。

（4）检查精度和更新步长，若 $T_m(h)-T_{m-1}(h)\leqslant\varepsilon$，则 $T_m(h)$ 是满足精度要求的近似解，结束；否则，重新选取步长，回到步骤（3）。

9．Python 库函数求解

Sympy 中的 diff 计算符号函数导数，integrate 计算符号函数的定积分和不定积分。

SciPy 有许多用于执行数值积分的函数。大多数函数在同一个 scipy.integrate 库中，其中 quad 求积分，dblquad 求二重积分，tplquad 求三重积分。对于给定节点信息，trapezoid 和 simpson 分别实现复合梯形公式和复合辛普森公式。quad 是对 Fortran 库 QUADPACK 的封装，有更好的性能，可实现高斯求积。一般情况下优先使用 quad 函数。这里只介绍 quad 函数。

quad 函数的调用格式如下：

```
scipy.integrate.quad(func, a, b, args=(), full_output=0, epsabs=1.49e-08,
epsrel=1.49e-08, limit=50, points=None, weight=None, wvar=None, wopts=None,
maxp1=50, limlst=50)
```

主要输入参数如下。

func：被积函数。当有多个参数时，会沿对应第一个参数的轴进行积分。

a：积分的下限（使用-numpy inf 表示-infinity）。

b：积分上限（使用 numpy.inf 表示+infinity）。

args：传递给 func 的额外参数。

主要返回参数如下。

y：func 从 a 到 b 的积分。

abserr：结果中绝对误差的估计。

例 3.4 求解 $\int_0^1\frac{x}{1+x^2}\mathrm{d}x$ 的库函数代码如下：

```
import numpy as np
from scipy import integrate
```

```
import matplotlib.pyplot as plt
x = np.linspace(0, 1, 1000)
y =x/(1+x**2)
y1 = lambda x1: x1/(1+x1**2)
print('复合梯形公式计算结果为',np.trapz(y, x))
print('复合辛普森公式计算结果为', integrate.simpson(y, x))
print('高斯-勒让德求积计算结果为',integrate.quad(y1,0,1)[0])
```

输出结果如下：

```
复合梯形公式计算结果为 0.3465735067797119
复合辛普森公式计算结果为 0.3465735902589616
高斯-勒让德求积计算结果为 0.3465735902799727
```

四、巩固训练

1. 用梯形公式求 $\int_0^{\pi}\sin x\,\mathrm{d}x$, $\int_0^{\pi}\cos x\,\mathrm{d}x$ 的值。

2. 用辛普森公式计算定积分 $\int_0^{3\pi}\mathrm{e}^{-0.5x}\sin\left(x+\frac{\pi}{6}\right)\mathrm{d}x$ 。

3. 用不同的方法计算积分 $\int_0^1\frac{\sin x}{x}\mathrm{d}x$ ，并做比较。

4. 南江双线特大桥地处贵州省开阳县南江乡的崇山峻岭中，横跨被誉为“喀斯特生态博物馆”、地势险要、风景秀美、游人如织的国家 4A 级旅游漂流风景区南江大峡谷。南江双线特大桥连续刚构桥梁底下缘按二次抛物线变化,抛物线方程为 $y=660+\frac{620x^2}{7400^2}$ ，求 $0\leqslant x\leqslant 6$ 这段边跨底板钢绞线抛物线长度。

5. 用向前差商、向后差商和中心公式计算 $f(x)=\sqrt{x}$ 在 $x=2$ 的导数近似值。其中，步长 h=0.1 。

6. 根据表 3.7 所示的函数值表，用三点公式求 $f(x)=\frac{1}{(1+x)^2}$ 在 $x=1.0$ 、1.1和1.2 处的导数值。

表 3.7 函数值表

x	1.0	1.1	1.2
$f(x)$	0.2500	0.2268	0.2066

五、拓展阅读

深空探测是人类航天活动的重要领域，航天器在预定轨道的正常运行是保证探测任务顺利开展的关键环节。一次航天任务往往涉及多次变轨调速，特别是在绕、落、回全过程探测天体任务中的变轨和修正过程最为复杂。这就需要借助数值计算算法等技术准确测算各阶段的轨道周长，以调节航天器的制动和加速等运行状态。月球是离地球最近的星球，是各国开展深空探测的起点。另外，丰富的矿物资源、引领高科技发展的科研价值、探索宇宙与太空能源的中转站等因素使得探月工程更具战略意义。

“嫦娥奔月”是中国脍炙人口的神话传说，人们在每年农历的八月十五制作圆月般的月饼，以寄托嫦娥对家人的思念，遂称中秋节。千百年来，嫦娥和月亮一直寄托着中国人民团圆的美好愿望。中国的探月计划取名为“嫦娥工程”，这赋予它更多的中国特色、历史内涵和人文气息。2004 年，我国正式开启嫦娥工程，分为“无人月球探测”“载人登月”“建立月球基地”三个阶段。2007 年 10 月 24 日，“嫦娥一号”成功发射，迈出了中国深空探测的第一步，并圆满完成环绕月球探测的一期任务。2010 年 10 月 1 日，“嫦娥二号”成功发射，传回了“嫦娥三号”预选着陆区——月球虹湾地区的局部影像图。2013 年 12 月 2 日，嫦娥三号成功发射，14 日中国的第一艘月球车“玉兔号”成功软着陆于月球雨海西北部，首次实现我国航天器在地外天体软着陆，圆满完成二期登月任务。2018 年 5 月 21 日，“鹊桥”卫星发射成功，成为世界首颗地球轨道外专用中继通信卫星，保障月球背面着陆的“嫦娥四号”探测器与地球的通信。2018 年 12 月 8 日，“嫦娥四号”成功发射。2019 年 1 月 3 日，“玉兔二号”成功着陆于月球背面，这是人类历史上首次实现航天器在月球背面软着陆、巡视勘察及测控通信，在月球背面留下了中国探月的第一行足迹。2020 年 11 月 24 日，“嫦娥五号”成功发射，12 月 17 日携带月球样品成功着陆地球。嫦娥工程作为我国复杂度最高、技术跨度最大的航天系统工程，实现了中国首次月球无人采样返回，圆满完成绕、落、回中的第三步任务。中国人正一步步将“可上九天揽月”的神话变为现实。

探索浩瀚宇宙，发展航天事业，建设航天强国，是我们不懈追求的航天梦。嫦娥工程取得的一系列成果与突破，体现了中国航天自力更生、自立自强，矢志高水平自主创新的决心，彰显了科技发展和航天技术水平，为进一步开展深空探测奠定了基础，增加了我国的世界影响力和民族自豪感、凝聚力。

第四章

线性方程组的直接解法

线性方程组的求解是自然科学和工程应用中的核心问题之一。大量的数值计算方法，如样条插值、数据拟合、常微分方程求解、偏微分方程边值问题求解、特征值计算、最优化等，最终都归结为线性方程组求解。因此，线性方程组的求解在科学计算中占据着重要地位。

求解线性方程组的方法大致分为两类，即直接法和迭代法。直接法就是经过有限次四则运算求得方程组精确解的方法，但在实际计算中由于舍入误差的影响，这种方法也只能求得线性方程组的近似解。本章介绍常用的直接法，它们都以高斯消去法为基本方法，加以某些变形，然后求解。直接法是求解中小型线性方程组特别是稠密矩阵方程组的有效方法。近几十年来，直接法在求解较大型稀疏方程组方面取得了较大进展。

一、学习目标

掌握高斯消去法、直接三角分解法、三对角矩阵的追赶法求解方程组及 Python 程序实现。了解最小二乘法、QR 分解法和奇异值分解法求线性方程组的算法原理。

二、案例引导

《九章算术》方程章的第一题描述如下。

今有上禾三秉，中禾二秉，下禾一秉，实三十九斗；上禾二秉，中禾三秉，下禾一秉，实三十四斗；上禾一秉，中禾二秉，下禾三秉，实二十六斗。问上、中、下禾实一秉各几何？

答曰：上禾一秉，九斗、四分斗之一，中禾一秉，四斗、四分斗之一，下禾一秉，二斗、四分斗之三。

术曰：置上禾三秉，中禾二秉，下禾一秉，实三十九斗，于右方。中、左禾列如右方。以右行上禾遍乘中行而以直除。又乘其次，亦以直除。然以中行中禾不尽者遍乘左行而以直除。左方下禾不尽者，上为法，下为实。实即下禾之实。求中禾，以法乘中行下实，而除下禾之实。余如中禾秉数而一，即中禾之实。求上禾亦以法乘右行下实，而除下禾、中禾之实。余如上禾秉数而一，即上禾之实。实皆如法，各得一斗。

按照现代记号，设 x_1,x_2,x_3 分别为上、中、下一秉的斗数，那么上述问题等价于求解下列方程组：

$$\begin{cases}3x_1+2x_2+x_3=39\\2x_1+3x_2+x_3=34\\x_1+2x_2+3x_3=26\end{cases}$$

通过计算可以得到精确解 $x_1=9\frac{1}{4}$，$x_2=4\frac{1}{4}$，$x_3=2\frac{3}{4}$。《九章算术》的计算过程是先采用分离系数的方法，再用直除法求解，这与现代矩阵理论的初等变换求解思路一致。这是世界上最早的完整的线性方程组解法。在西方，直到 17 世纪才由德国的莱布尼茨提出完整的线性方程的解法法则。

三、知识链接

设有 n 阶方程组：

$$\begin{cases}a_{11}x_1+a_{12}x_2+\cdots+a_{1n}x_n=b_1\\a_{21}x_1+a_{22}x_2+\cdots+a_{2n}x_n=b_2\\\qquad\qquad\vdots\\a_{n1}x_1+a_{n2}x_2+\cdots+a_{nn}x_n=b_n\end{cases}$$

将其写成矩阵形式 $\boldsymbol{Ax}=\boldsymbol{b}$，其中

$$\boldsymbol{A}=\begin{bmatrix}a_{11}&a_{12}&\cdots&a_{1n}\\a_{21}&a_{22}&\cdots&a_{2n}\\\vdots&\vdots&&\vdots\\a_{n1}&a_{n2}&\cdots&a_{nn}\end{bmatrix},\quad \boldsymbol{x}=\begin{bmatrix}x_1\\x_2\\\vdots\\x_n\end{bmatrix},\quad \boldsymbol{b}=\begin{bmatrix}b_1\\b_2\\\vdots\\b_n\end{bmatrix}$$

数值解的精度常需要借助向量和矩阵的范数来控制，下面给出几种常用的范数形式。

常用的向量范数如下。

∞-范数：

$$\|\boldsymbol{x}\|_\infty=\max_{1\leqslant i\leqslant n}|x_i|$$

1-范数：

$$\|\boldsymbol{x}\|_1=\sum_{i=1}^{n}|x_i|$$

2-范数：

$$\|\boldsymbol{x}\|_2=\left(\sum_{i=1}^{n}|x_i|^2\right)^{\frac{1}{2}}$$

三种向量范数之间是等价的。与之对应的常用矩阵范数如下。

∞-范数（行范数）：

$$\|A\|_\infty = \max_{1\leqslant i\leqslant n}\sum_{j=1}^{n}|a_{ij}|$$

1-范数（列范数）：

$$\|A\|_1 = \max_{1\leqslant j\leqslant n}\sum_{i=1}^{n}|a_{ij}|$$

2-范数（欧几里得范数）：

$$\|A\|_2 = \sqrt{\lambda_{\max}(A^{\mathrm{T}}A)}$$

其中，$\lambda_{\max}(A^{\mathrm{T}}A)$ 代表 $A^{\mathrm{T}}A$ 的最大特征值。三种矩阵范数相互也是等价的。

1．列主元高斯消去法

1）基本原理

高斯消去法是一种古老的求解线性方程的方法，它按照给定的方程及未知数的排列顺序进行消元计算。理论基础就是利用线性代数中的初等行变换，将矩阵等价变形为阶梯型。但是，如果在消元过程中某一个主元素 $a_{kk}^{(k)}=0$，那么第 k 次消元就无法进行。即使所有主元都不为 0，计算结果也可能不可靠。

例如，求解方程组

$$\begin{cases}0.00001x_1+2x_2=1\\2x_1+3x_2=2\end{cases}$$

如果用高斯消去法求解这个方程组（假设 4 位浮点数），我们可以得到

$$\begin{pmatrix}0.00001000 & 2.000 & 1.000\\ 2.000 & 3.000 & 2.000\end{pmatrix}\xrightarrow{\text{消元}}\begin{pmatrix}0.00001000 & 2.000 & 1.000\\ 0 & -4.000\times10^5 & -2.000\times10^5\end{pmatrix}$$

回代求解，则可得 $x_1=0.5000$， $x_2=0.0000$。而方程组的精确解为 $x_1=0.250001\cdots$，$x_2=0.499998\cdots$。显然，用高斯消去法计算的结果不可靠。为了减少计算过程中舍入误差对解的影响，每次消元前先选定一个合适的列主元，再进行后续的消元，称之为列主元高斯消去法。这是目前求低阶稠密方程组的有效方法。

具体地，设方程组 $Ax=b$ 的增广矩阵为

$$(A,b)=\begin{pmatrix}a_{11} & a_{12} & \cdots & a_{1n} & b_1\\ a_{21} & a_{22} & \cdots & a_{2n} & b_2\\ \vdots & \vdots & & \vdots & \vdots\\ a_{n1} & a_{n2} & \cdots & a_{nn} & b_n\end{pmatrix} \tag{4.1}$$

步骤 1：首先在矩阵 (A,b) 的第 1 列中选取绝对值最大的元素作为主元素，即

$\left|a_{i_1,1}\right| = \max\limits_{1 \leqslant i \leqslant n}\left|a_{i1}\right|$。然后将矩阵的第 1 行与第 i_1 行交换，记行变换后的增广矩阵为 $(\boldsymbol{A}^{(1)},\boldsymbol{b}^{(1)})$，再进行第一次消元，得到矩阵 $(\boldsymbol{A}^{(2)},\boldsymbol{b}^{(2)})$ 为

$$(\boldsymbol{A}^{(2)},\boldsymbol{b}^{(2)}) = \begin{pmatrix} a_{11}^{(1)} & a_{12}^{(1)} & \cdots & a_{1n}^{(1)} & b_1^{(1)} \\ & a_{22}^{(2)} & \cdots & a_{2n}^{(2)} & b_2^{(2)} \\ & \vdots & & \vdots & \vdots \\ & a_{n2}^{(2)} & \cdots & a_{nn}^{(2)} & b_n^{(2)} \end{pmatrix}$$

步骤 2：先在矩阵 $(\boldsymbol{A}^{(2)},\boldsymbol{b}^{(2)})$ 的第 2 列中选主元 $a_{i_2 2}^{(2)}$，使得 $\left|a_{i_2 2}^{(2)}\right| = \max\limits_{2 \leqslant i \leqslant n}\left|a_{i2}^{(2)}\right|$。然后将矩阵 $(\boldsymbol{A}^{(2)},\boldsymbol{b}^{(2)})$ 的第 2 行与第 i_2 行交换，再进行第二次消元，得到矩阵 $(\boldsymbol{A}^{(3)},\boldsymbol{b}^{(3)})$ 为

$$(\boldsymbol{A}^{(3)},\boldsymbol{b}^{(3)}) = \begin{pmatrix} a_{11}^{(1)} & a_{12}^{(1)} & a_{13}^{(1)} & \cdots & a_{1n}^{(1)} & b_1^{(1)} \\ & a_{22}^{(2)} & a_{23}^{(2)} & \cdots & a_{2n}^{(2)} & b_2^{(2)} \\ & & a_{33}^{(3)} & \cdots & a_{3n}^{(3)} & b_3^{(3)} \\ & & \vdots & & \vdots & \vdots \\ & & a_{n3}^{(3)} & \cdots & a_{nn}^{(3)} & b_n^{(3)} \end{pmatrix}$$

类似地到步骤 k：先在矩阵 $(\boldsymbol{A}^{(k)},\boldsymbol{b}^{(k)})$ 的第 k 列中选主元 $a_{i_k k}^{(k)}$，使得 $\left|a_{i_k k}^{(k)}\right| = \max\limits_{k \leqslant i \leqslant n}\left|a_{ik}^{(k)}\right|$。然后将矩阵 $(\boldsymbol{A}^{(k)},\boldsymbol{b}^{(k)})$ 的第 k 行与第 i_k 行交换，再进行第 k 次消元。

如此经过 $n-1$ 步，增广矩阵 $(\boldsymbol{A},\boldsymbol{b})$ 被化为上三角形形式：

$$\begin{pmatrix} a_{11}^{(1)} & a_{12}^{(1)} & \cdots & a_{1n}^{(1)} & b_1^{(1)} \\ & a_{22}^{(2)} & \cdots & a_{2n}^{(2)} & b_2^{(2)} \\ & & \ddots & \vdots & \vdots \\ & & & a_{nn}^{(n)} & b_n^{(n)} \end{pmatrix}$$

此时由最后一个方程就可求出 x_n，然后将 x_n 代入倒数第二个方程，求 x_{n-1}。依次类推，最后由第一个方程求出 x_1，从而得到方程组的解为

$$\begin{cases} x_n = \dfrac{b_n^{(n)}}{a_{nn}^{(n)}} \\ x_i = \dfrac{b_i^{(i)} - \sum\limits_{k=i+1}^{n} a_{ik}^{(i)} x_k}{a_{ii}^{(i)}} \quad (i = n-1, n-2, \cdots, 1) \end{cases}$$

2）算法步骤

设 $\boldsymbol{Ax} = \boldsymbol{b}$，输入增广矩阵 $(\boldsymbol{A},\boldsymbol{b})$。

步骤 1：令行列式 $\det = 1$。

步骤 2：对于 $k = 1,2,\cdots,n-1$，按以下步骤进行操作。

（1）按列选主元，找到第 i_k 行、第 k 列元素 $a_{i_k k}$，即 $\left|a_{i_k,k}\right| = \max\limits_{k \leqslant i \leqslant n}\left|a_{ik}\right|$。

（2）若 $a_{i_k k}=0$，则 $\det=0$，输出错误信息，结束。

（3）若 $i_k=k$，则执行步骤（4）。若 $i_k\neq k$，则要将矩阵 $(\boldsymbol{A},\boldsymbol{b})$ 的第 i_k 行和第 k 行进行交换，即

$$a_{kj}\leftrightarrow a_{i_k j}\quad (j=k,k+1,\cdots,n)$$

$$b_k\leftrightarrow b_{i_k}$$

$$\det\leftarrow -\det$$

（4）消元计算，此时 $i=k+1,\cdots,n$。

① $a_{ik}\leftarrow l_{ik}=a_{ik}/a_{kk}$。

②对于 $j=k+1,\cdots,n$， $a_{ij}\leftarrow a_{ij}-l_{ik}*a_{kj}$。

③ $b_i\leftarrow b_i-l_{ik}*b_k$。

（5） $\det\leftarrow a_{kk}*\det$。

步骤 3：若 $a_{nn}=0$，则输出错误信息，结束。

步骤 4：回代求解。

（1） $x_n\leftarrow b_n/a_{nn}$。

（2）对于 $i=n-1,\cdots,2,1$， $x_i\leftarrow (b_i-\sum_{j=i+1}^{n}a_{ij}*x_j)/a_{ii}$。

步骤 5： $\det\leftarrow a_{nn}*\det$。

高斯消去法的时间复杂度为 $O(n^3)$。列主元消去法与高斯消去法相比，只增加了选主元操作，其他的求解步骤都一样，因此列主元高斯消去法的时间复杂度也为 $O(n^3)$。

3）算法实现

例 4.1 表 4.1 所示为营养含量表，具体为一份减肥食谱中的 3 种不同营养类型的食物和每 100g 食物中各种营养物质的含量，以及要降低体重所需的每日营养物质数量。

表 4.1　营养含量表

营养类型	每 100g 食物各种营养含量（g）			降低体重所需的每日营养量
	牛奶	大豆	蛋清	
A 类	36	51	0	33
B 类	52	34	74	45
C 类	0	7	1.1	3

如果用这 3 种食物作为每天的食物来源，那么为了全面又恰好地满足每天的营养需求，它们的用量应该各为多少克呢？

解：设牛奶、大豆、蛋清的食用数量分别为 x_1, x_2, x_3，则由表 4.1 可得以下方程组：

$$\begin{cases} 36x_1 + 51x_2 + 0x_3 = 33 \\ 52x_1 + 34x_2 + 74x_3 = 45 \\ 0x_1 + 7x_2 + 1.1x_3 = 3 \end{cases}$$

用高斯消去法求解例 4.1 的程序代码如下：

```
import numpy as np
def basic_gauss(A,b):# 高斯消去法
    augA = np.concatenate((A,b),axis=1)
    rows = A.shape[0]
    for k in range(rows):
        for i in range(k+1,rows):
            mi = augA[i,k]/augA[k,k]
            print('m=',mi)
            augA[i,:] = augA[i,:] - augA[k,:]*mi
            print('增广矩阵为',augA)
    x = np.zeros(rows)
    k = rows-1
    x[k] = augA[k,-1]/augA[k,k]
    for k in range(rows-2,-1,-1):
        tx = x[k+1:]
        ta = augA[k,k+1:-1].flatten()
        x[k] = (augA[k,-1]-np.sum(tx*ta))/augA[k,k]
    return x
#以下为输入程序
if __name__ == "__main__":
    n = int(input())#输入系数矩阵的阶数
    A = np.zeros(n * n, dtype=float).reshape(n, n)
    b = np.zeros(n, dtype=float).reshape(n, 1)
    for i in range(n):
        A[i] = np.array(list(map(float, input().split())))#输入系数矩阵 A
    for i in range(n):
        b[i] = float(input())#输入 b
    x = basic_gauss(A,b)
    print('解得 x =',x)#输出运行结果 x
```

输入方程组的系数如下：

```
3
36 51 0
52 34 74
0 7 1.1
33
45
```

```
3
```

输出结果如下：

```
m= 1.4444444444444444
增广矩阵为
 [[ 36.          51.           0.          33.         ]
 [  0.         -39.66666667  74.          -2.66666667]
 [  0.           7.           1.1          3.        ]]
m= 0.0
增广矩阵为
 [[ 36.          51.           0.          33.         ]
 [  0.         -39.66666667  74.          -2.66666667]
 [  0.           7.           1.1          3.        ]]
m= -0.1764705882352941
增广矩阵为
 [[ 36.          51.           0.          33.         ]
 [  0.         -39.66666667  74.          -2.66666667]
 [  0.           0.          14.15882353   2.52941176]]
解得 x = [0.34929373 0.40049855 0.17864562]
```

用列主元高斯消去法求解例 4.1 的程序代码如下：

```
import numpy as np
def gauss_colpivot(A,b):# 列主元消去法
    augA = np.concatenate((A,b),axis=1)
    rows = A.shape[0]
    # elimination
    for k in range(rows):
        prow = np.argmax(np.abs(augA[k:,k])) + k
        pivot = augA[prow,k]
        if prow!=k:
            augA[[k,prow],:] = augA[[prow,k],:]#比较元素大小后换行
            print('交换第',k+1,'行和第',prow+1,'行')
            print(augA)#输出换行完成后的增广矩阵
        for i in range(k+1,rows):
            mi = augA[i,k]/pivot
            augA[i,:] = augA[i,:] - augA[k,:]*mi
            print('m=',mi)#输出m
            print('增广矩阵为')#输出消元后的增广矩阵
            print(augA)
    x = np.zeros(rows)
    k = rows-1
    x[k] = augA[k,-1]/augA[k,k]
    for k in range(rows-2,-1,-1):
        tx = x[k+1:]
```

```
        ta = augA[k,k+1:-1].flatten()
        x[k] = (augA[k,-1]-np.sum(tx*ta))/augA[k,k]
    return x
#以下为输入程序
if __name__ == "__main__":
    n = int(input())#输入系数矩阵 A 的阶数
    A = np.zeros(n * n, dtype=float).reshape(n, n)
    b = np.zeros(n, dtype=float).reshape(n, 1)
    for i in range(n):
        A[i] = np.array(list(map(float, input().split())))#输入系数矩阵 A
    for i in range(n):
        b[i] = float(input())#输入 b
    x = gauss_colpivot(A,b)
    print('方程组的解为 x =',x)#输出运行结果 x
```

输入方程组的系数如下：

```
3
36 51 0
52 34 74
0 7 1.1
33
45
3
```

输出结果如下：

```
交换第 1 行和第 2 行
[[52.  34.  74.  45. ]
 [36.  51.   0.  33. ]
 [ 0.   7.   1.1  3. ]]
m= 0.6923076923076923
增广矩阵为
[[ 52.          34.          74.          45.        ]
 [  0.         27.46153846 -51.23076923   1.84615385]
 [  0.          7.           1.1          3.        ]]
m= 0.0
增广矩阵为
[[ 52.          34.          74.          45.        ]
 [  0.         27.46153846 -51.23076923   1.84615385]
 [  0.          7.           1.1          3.        ]]
m= 0.2549019607843137
增广矩阵为
[[ 52.          34.          74.          45.        ]
 [  0.         27.46153846 -51.23076923   1.84615385]
 [  0.          0.         14.15882353   2.52941176]]
```

```
方程组的解为 x = [0.34929373 0.40049855 0.17864562]
```

2. 直接三角分解法

1）基本原理

如果用增广矩阵$(\boldsymbol{A},\boldsymbol{b})$表示线性方程组$\boldsymbol{Ax}=\boldsymbol{b}$，那么高斯消去法的消元过程可以用一串初等矩阵左乘增广矩阵表示。例如，高斯消去法的第一次消元可以表示为初等矩阵$\boldsymbol{L}_1$左乘矩阵$\left(\boldsymbol{A}^{(1)},\boldsymbol{b}^{(1)}\right)=(\boldsymbol{A},\boldsymbol{b})$，得

$$\left(\boldsymbol{A}^{(2)},\boldsymbol{b}^{(2)}\right)=\boldsymbol{L}_1\left(\boldsymbol{A}^{(1)},\boldsymbol{b}^{(1)}\right)$$

即

$$\begin{cases}\boldsymbol{L}_1\boldsymbol{A}^{(1)}=\boldsymbol{A}^{(2)}\\ \boldsymbol{L}_1\boldsymbol{b}^{(1)}=\boldsymbol{b}^{(2)}\end{cases} \tag{4.2}$$

且

$$\boldsymbol{L}_1=\begin{pmatrix}1 & 0 & 0 & \cdots & 0\\ -l_{21} & 1 & 0 & \cdots & 0\\ -l_{31} & 0 & 1 & \cdots & 0\\ \vdots & \vdots & \vdots & & \vdots\\ -l_{n1} & 0 & 0 & \cdots & 1\end{pmatrix}$$

其中，$l_{i1}=a_{i1}^{(1)}/a_{11}^{(1)}(i=2,3,\cdots,n)$。

依此类推，第k次消元可以表示为初等矩阵$\boldsymbol{L}_k$左乘矩阵$\left(\boldsymbol{A}^{(k)},\boldsymbol{b}^{(k)}\right)$，得

$$\left(\boldsymbol{A}^{(k+1)},\boldsymbol{b}^{(k+1)}\right)=\boldsymbol{L}_k\left(\boldsymbol{A}^{(k)},\boldsymbol{b}^{(k)}\right)$$

即

$$\begin{cases}\boldsymbol{L}_k\boldsymbol{A}^{(k)}=\boldsymbol{A}^{(k+1)}\\ \boldsymbol{L}_k\boldsymbol{b}^{(k)}=\boldsymbol{b}^{(k+1)}\end{cases} \tag{4.3}$$

且

$$\boldsymbol{L}_k=\begin{pmatrix}1 & & & & \\ & \ddots & & & \\ & & 1 & & \\ & & -l_{(k+1)k} & 1 & \\ & & \vdots & & \ddots \\ & & -l_{nk} & \cdots & & 1\end{pmatrix}$$

其中，$l_{ik}=a_{ik}^{(k)}/a_{kk}^{(k)}$（$i=k+1,\cdots,n$）。

经过$n-1$次消元后，可以表示为初等矩阵$\boldsymbol{L}_{n-1}$左乘矩阵$\left(\boldsymbol{A}^{(n-1)},\boldsymbol{b}^{(n-1)}\right)$，即

$$
\begin{aligned}
\left(\boldsymbol{A}^{(n)},\boldsymbol{b}^{(n)}\right)&=\begin{pmatrix} a_{11}^{(1)} & a_{12}^{(1)} & \cdots & a_{1n}^{(1)} & b_1^{(1)} \\ & a_{22}^{(2)} & \cdots & a_{2n}^{(2)} & b_2^{(2)} \\ & & \ddots & \vdots & \vdots \\ & & & a_{nn}^{(n)} & b_n^{(n)} \end{pmatrix} \\
&=\boldsymbol{L}_{n-1}\left(\boldsymbol{A}^{(n-1)},\boldsymbol{b}^{(n-1)}\right) \\
&=\boldsymbol{L}_{n-1}\boldsymbol{L}_{n-2}\cdots\boldsymbol{L}_1\left(\boldsymbol{A}^{(1)},\boldsymbol{b}^{(1)}\right)
\end{aligned}
$$

由递推公式有

$$
\begin{cases}\boldsymbol{L}_{n-1}\cdots\boldsymbol{L}_2\boldsymbol{L}_1\boldsymbol{A}^{(1)}=\boldsymbol{A}^{(n)} \\ \boldsymbol{L}_{n-1}\cdots\boldsymbol{L}_2\boldsymbol{L}_1\boldsymbol{b}^{(1)}=\boldsymbol{b}^{(n)}\end{cases} \tag{4.4}
$$

因为$\boldsymbol{L}_k$ $(k=1,2,\cdots,n-1)$均为非奇异阵，故它们的逆矩阵存在，且易求出

$$
\boldsymbol{L}_k^{-1}=\begin{pmatrix} 1 & & & & & \\ & \ddots & & & & \\ & & 1 & & & \\ & & l_{(k+1)k} & 1 & & \\ & & \vdots & & \ddots & \\ & & l_{nk} & \cdots & & 1 \end{pmatrix}
$$

令

$$
\boldsymbol{L}=\boldsymbol{L}_1^{-1}\boldsymbol{L}_2^{-1}\cdots\boldsymbol{L}_{n-1}^{-1}=\begin{pmatrix} 1 & & & & & \\ l_{21} & 1 & & & & \\ l_{31} & l_{32} & 1 & & & \\ \vdots & \vdots & \vdots & \ddots & & \\ l_{n1} & l_{n2} & l_{nk} & \cdots & l_{n(n-1)} & 1 \end{pmatrix} \tag{4.5}
$$

于是有

$$
\begin{aligned}
\left(\boldsymbol{A},\boldsymbol{b}\right)&=\left(\boldsymbol{A}^{(1)},\boldsymbol{b}^{(1)}\right) \\
&=\boldsymbol{L}_1^{-1}\boldsymbol{L}_2^{-1}\cdots\boldsymbol{L}_{n-1}^{-1}\left(\boldsymbol{A}^{(n)},\boldsymbol{b}^{(n)}\right)
\end{aligned}
$$

即

$$
\left(\boldsymbol{A},\boldsymbol{b}\right)=\left(\boldsymbol{L}\boldsymbol{A}^{(n)},\boldsymbol{L}\boldsymbol{b}^{(n)}\right)
$$

记$\boldsymbol{A}^{(n)}=\boldsymbol{U}$，则消元过程实际上就是把系数矩阵$\boldsymbol{A}$分解成单位下三角矩阵$\boldsymbol{L}$与上三角矩阵$\boldsymbol{U}$的乘积的过程。

直接三角分解法的基本思想是先直接将系数矩阵 $\boldsymbol{A}$ 分解为两个三角矩阵 $\boldsymbol{L}$ 与 $\boldsymbol{U}$ 的乘积 $\boldsymbol{A}=\boldsymbol{LU}$，再将方程组 $\boldsymbol{Ax}=\boldsymbol{b}$ 的求解问题归结为两个三角形方程组：

$$\boldsymbol{Ly}=\boldsymbol{b}，\quad \boldsymbol{Ux}=\boldsymbol{y}$$

的求解问题。即先由三角形方程组 $\boldsymbol{Ly}=\boldsymbol{b}$ 求 $\boldsymbol{y}$，再由三角形方程组 $\boldsymbol{Ux}=\boldsymbol{y}$ 求 $\boldsymbol{x}$，从而获得原方程组 $\boldsymbol{Ax}=\boldsymbol{b}$ 的解。

下面具体给出直接三角分解法中三角矩阵 $\boldsymbol{L}$ 与 $\boldsymbol{U}$ 的具体形式，以及求解方程的步骤。

矩阵三角分解的常见形式为

$$\boldsymbol{A}=\boldsymbol{LU} \tag{4.6}$$

其中，$\boldsymbol{L}$ 为下三角阵，$\boldsymbol{U}$ 为上三角阵。设 $\boldsymbol{A}=\boldsymbol{LU}$ 为

$$\boldsymbol{A}=\begin{pmatrix} a_{11} & a_{12} & \cdots & a_{1n} \\ a_{21} & a_{22} & \cdots & a_{2n} \\ \vdots & \vdots & & \vdots \\ a_{n1} & a_{n2} & \cdots & a_{nn} \end{pmatrix}=\begin{pmatrix} 1 & & & \\ l_{21} & 1 & & \\ \vdots & \vdots & \ddots & \\ l_{n1} & l_{n2} & \cdots & 1 \end{pmatrix}\begin{pmatrix} u_{11} & u_{12} & \cdots & u_{1n} \\ & u_{22} & \cdots & u_{2n} \\ & & \ddots & \vdots \\ & & & u_{nn} \end{pmatrix} \tag{4.7}$$

步骤 1：由矩阵乘法，得 $u_{1i}=a_{1i}\ (i=1,2,\cdots,n)$，可计算 $\boldsymbol{U}$ 的第 1 行元素；由 $a_{i1}=l_{i1}u_{11}$，得 $l_{i1}=\dfrac{a_{i1}}{u_{11}}\ (i=2,3,\cdots,n)$，可计算 $\boldsymbol{L}$ 的第 1 列元素。

步骤 2：假设已经求出了矩阵 $\boldsymbol{U}$ 的前 $r-1$ 行元素、$\boldsymbol{L}$ 的前 $r-1$ 列元素，由矩阵乘法得 $a_{ri}=u_{ri}+\sum\limits_{k=1}^{r-1}l_{rk}u_{ki}\ (i=r,r+1,\cdots,n)$，可计算 $\boldsymbol{U}$ 的第 r 行元素：

$$u_{ri}=a_{ri}-\sum_{k=1}^{r-1}l_{rk}u_{ki},\quad i=r,r+1,\cdots,n \tag{4.8}$$

由 $a_{ir}=l_{ir}u_{rr}+\sum\limits_{k=1}^{r-1}l_{ik}u_{kr}\ (i=r+1,r+2,\cdots,n,\ r\neq n)$ 可计算 $\boldsymbol{L}$ 的第 r 列元素：

$$l_{ir}=\frac{a_{ir}-\sum\limits_{k=1}^{r-1}l_{ik}u_{kr}}{u_{rr}},\quad i=r+1,r+2,\cdots,n,\ r\neq n \tag{4.9}$$

步骤 3：求解上三角形方程组 $\boldsymbol{Ly}=\boldsymbol{b}$，得

$$\begin{cases} y_1=b_1 \\ y_i=b_i-\sum\limits_{k=1}^{i-1}l_{ik}y_k,\quad i=2,3,\cdots,n \end{cases} \tag{4.10}$$

步骤 4：求解下三角形方程组 $\boldsymbol{Ux}=\boldsymbol{y}$，得

$$\begin{cases} x_n = \dfrac{y_n}{u_{nn}} \\ x_i = \dfrac{y_i - \sum\limits_{k=i+1}^{n} u_{ik} x_k}{u_{ii}}, \quad i = n-1, n-2, \cdots, 1 \end{cases} \tag{4.11}$$

2）算法步骤

步骤 1：$u_{1i} = a_{1i}(i = 1,2,\cdots,n)$，$l_{i1} = \dfrac{a_{i1}}{u_{11}}(i = 2,3,\cdots,n)$，执行步骤 2。

步骤 2：对 r=2,3,⋯,n，求 $\boldsymbol{U}$ 的第 r 行元素，有 $u_{ri} = a_{ri} - \sum\limits_{k=1}^{r-1} l_{rk} u_{ki}(i = r, r+1, \cdots, n)$。求 $\boldsymbol{L}$ 的第 r 列元素，有

$$l_{ir} = \frac{a_{ir} - \sum\limits_{k=1}^{r-1} l_{ik} u_{kr}}{u_{rr}}, \quad i = r+1, r+2, \cdots, n$$

步骤 3：求 $\boldsymbol{Ly} = \boldsymbol{b}$，有

$$\begin{cases} y_1 = b_1 \\ y_k = b_k - \sum\limits_{i=1}^{k-1} l_{ki} y_i, \quad k = 2,3,\cdots,n \end{cases}$$

步骤 4：求 $\boldsymbol{Ux} = \boldsymbol{y}$，有

$$\begin{cases} x_n = \dfrac{y_n}{u_{nn}} \\ x_k = \dfrac{y_k - \sum\limits_{i=k+1}^{n} u_{ki} x_i}{u_{kk}}, \quad k = n-1, n-2, \cdots, 1 \end{cases}$$

当 $u_{kk} \neq 0(k = 1,2,\cdots,n)$ 时，解线性方程组 $\boldsymbol{Ax} = \boldsymbol{b}$ 的直接三角分解法需要 $n^3/3$ 次乘除运算，因此时间复杂度为 $O(n^3)$，与高斯消去法基本相同。直接三角分解法的优点在于求解一系列同系数矩阵的方程组 $\boldsymbol{Ax} = \boldsymbol{b}_k$ 时，只需要进行一次 LU 分解计算，因此大大减少了运算量。

3）算法实现

例 4.1 的直接三角分解法的程序代码如下：

```
import numpy as np
def LU(A):
    L = np.eye(len(A))
    U = np.zeros(np.shape(A))
```

```
    for r in range(1, len(A)):
        U[0, r - 1] = A[0, r - 1]
        L[r, 0] = A[r, 0] / A[0, 0]
    U[0, -1] = A[0, -1]
    for r in range(1, len(A)):
        for i in range(r, len(A)):
            delta = 0
            for k in range(0, r):
                delta += L[r, k] * U[k, i]
            U[r, i] = A[r, i] - delta
            for i in range(r + 1, len(A)):
                theta = 0
                for k in range(0, r):
                    theta += L[i, k] * U[k, r]
                L[i, r] = (A[i, r] - theta) / U[r, r]
    print('L=')
    print(L)#输出分解完成的矩阵L
    print('U=')
    print(U)#输出分解完成的矩阵U
    return L,U
def my_LUsolve(A,b):
    L, U = LU(A)
    n = len(A)
    y = np.zeros((n, 1))
    b = np.array(b).reshape(n,1)
    for i in range(len(A)):
        t = 0
        for j in range(i):
            t += L[i][j]* y[j][0]
        y[i][0] = b[i][0] - t
    X = np.zeros((n, 1))
    for i in range(len(A)-1,-1,-1):
        t = 0
        for j in range(i+1,len(A)):
            t += U[i][j]*X[j][0]
        t = y[i][0] - t
        if t != 0 and U[i][i] == 0:
            return 0
        X[i] = t/U[i][i]
    print('解得')
    print('b=')
    print(b)#输出b
    print('y=')
```

```
    print(y)#输出 y
    return X
#以下为输入程序
if __name__ == "__main__":
    n = int(input())#输入系数矩阵的阶数
    A = np.zeros(n * n, dtype=float).reshape(n, n)
    b = np.zeros(n, dtype=float).reshape(n, 1)
    for i in range(n):
        A[i] = np.array(list(map(float, input().split())))#输入系数矩阵 A
    for i in range(n):
        b[i] = float(input())#输入 b
    x = my_LUsolve(A,b)
    print('解得 x =')
print(x)#输出运行结果 x
```

输入方程组的系数如下：

```
3
36 51 0
52 34 74
0 7 1.1
33
45
3
```

输出结果如下：

```
L=
[[ 1.          0.          0.        ]
 [ 1.44444444  1.          0.        ]
 [ 0.         -0.17647059  1.        ]]
U=
[[ 36.          51.          0.        ]
 [  0.         -39.66666667  74.        ]
 [  0.           0.          14.15882353]]
解得
b=
[[33.]
 [45.]
 [ 3.]]
y=
[[33.        ]
 [-2.66666667]
 [ 2.52941176]]
解得 x =
[[0.34929373]
```

```
[0.40049855]
[0.17864562]]
```

3. 三对角矩阵的追赶法

1）基本原理

求解系数矩阵为对角占优的三对角方程组：

$$\begin{pmatrix} b_1 & c_1 & & & & & \\ a_1 & b_2 & c_2 & & & & \\ & \ddots & \ddots & \ddots & & & \\ & & a_i & b_i & c_i & & \\ & & & \ddots & \ddots & \ddots & \\ & & & & a_{n-1} & b_{b-1} & c_{n-1} \\ & & & & & a_n & b_n \end{pmatrix} \begin{pmatrix} x_1 \\ x_2 \\ \vdots \\ x_i \\ \vdots \\ x_{n-1} \\ x_n \end{pmatrix} = \begin{pmatrix} f_1 \\ f_2 \\ \vdots \\ f_i \\ \vdots \\ f_{n-1} \\ f_n \end{pmatrix} \tag{4.12}$$

简记为 $\boldsymbol{Ax} = \boldsymbol{f}$。其中，当 $|i-j|>1$ 时，$a_{ij}=0$，且设

$$\begin{cases} |b_1| > |c_1| > 0 \\ |b_i| \geqslant |a_i| + |c_i|, \ a_i c_i \neq 0, \ i = 2,3,\cdots,n-1 \\ |b_n| > |c_n| \end{cases}$$

根据直接三角分解法得 $\boldsymbol{A} = \boldsymbol{LU}$，其中 $\boldsymbol{L}$ 为下三角矩阵，$\boldsymbol{U}$ 是单位上三角矩阵，即

$$\boldsymbol{A} = \begin{pmatrix} b_1 & c_1 & & & & & \\ a_1 & b_2 & c_2 & & & & \\ & \ddots & \ddots & \ddots & & & \\ & & a_i & b_i & c_i & & \\ & & & \ddots & \ddots & \ddots & \\ & & & & a_{n-1} & b_{b-1} & c_{n-1} \\ & & & & & a_n & b_n \end{pmatrix}$$

$$= \begin{pmatrix} \alpha_1 & & & & & & \\ \gamma_1 & \alpha_2 & & & & & \\ & \ddots & \ddots & & & & \\ & & \gamma_i & \alpha_i & & & \\ & & & \ddots & \ddots & & \\ & & & & \gamma_{n-1} & \alpha_{n-1} & \\ & & & & & \gamma_n & \alpha_n \end{pmatrix} \begin{pmatrix} 1 & \beta_1 & & & & & \\ & 1 & \beta_2 & & & & \\ & & \ddots & \ddots & & & \\ & & & 1 & \beta_i & & \\ & & & & \ddots & \ddots & \\ & & & & & 1 & \beta_{n-1} \\ & & & & & & 1 \end{pmatrix}$$

由矩阵乘法可得

$$\begin{cases} b_1=\alpha_1 \\ c_1=\alpha_1\beta_1 \\ a_i=\gamma_i \\ b_i=\gamma_i\beta_{i-1}+\alpha_i,\ \ i=2,3,\cdots,n \\ c_i=\alpha_i\beta_i,\ \ i=2,3,\cdots,n-1 \end{cases} \tag{4.13}$$

所以有

$$\begin{cases} \alpha_1=b_1 \\ \beta_1=\dfrac{c_1}{\alpha_1} \\ \gamma_i=a_i \\ \alpha_i=b_i-\gamma_i\beta_{i-1},\ \ i=2,3,\cdots,n \\ \beta_i=\dfrac{c_i}{\alpha_i},\ \ i=2,3,\cdots,n-1 \end{cases} \tag{4.14}$$

然后求解两个三角形方程组 $\boldsymbol{Ly}=\boldsymbol{f}$ 与 $\boldsymbol{Ux}=\boldsymbol{y}$ 即可。此外，还可以利用直接三角分解得到 $\boldsymbol{L}$ 为单位下三角矩阵，$\boldsymbol{U}$ 为上三角矩阵，相应的系数计算公式只需要稍作修改即可。

2）算法步骤

用追赶法求解三对角线性方程组 $\boldsymbol{Ax}=\boldsymbol{f}$ 的步骤如下。

步骤 1：计算 β_i 的递推公式为

$$\begin{cases} \beta_1=\dfrac{c_1}{b_1} \\ \beta_i=\dfrac{c_i}{b_i-a_i\beta_{i-1}},\ \ i=2,3,\cdots,n-1 \end{cases} \tag{4.15}$$

步骤 2：求 $\boldsymbol{Ly}=\boldsymbol{f}$，有

$$\begin{cases} y_1=\dfrac{f_1}{b_1} \\ y_i=\dfrac{f_i-a_iy_{i-1}}{b_i-a_i\beta_{i-1}},\ \ i=2,3,\cdots,n \end{cases} \tag{4.16}$$

步骤 3：求 $\boldsymbol{Ux}=\boldsymbol{y}$，有

$$\begin{cases} x_n=y_n \\ x_i=y_i-\beta_ix_{i+1},\ \ i=n-1,n-2,\cdots,1 \end{cases} \tag{4.17}$$

我们将计算 $\beta_1\to\beta_2\to\cdots\to\beta_{n-1}$ 及 $y_1\to y_2\to\cdots\to y_n$ 的过程称为追的过程，将计算 $x_n\to x_{n-1}\to\cdots\to x_1$ 的过程称为赶的过程。

追赶法是求解三对角方程组的一种有效方法，它的公式比较简单，计算量和存储量

小，且算法稳定，因此应用广泛。在设计算法时，追赶法将大量的零元素忽略，从而大大地减少了计算量，其大概需要 $5n-4$ 次乘除运算，时间复杂度为 $O(n)$ 。

3）算法实现

例 4.1 为三对角矩阵，用追赶法求解的程序代码如下：

```
jieshu=int(input("矩阵的阶数: "))#输入系数矩阵 A 的阶数
print("请输入 a")
a=[]
for i in range(jieshu-1):
    x=float(input())#输入 a
    a.append(x)
print("请输入 b")
b=[]
for i in range(jieshu):
    x=float(input()) #输入 b
    b.append(x)
print("请输入 c")
c=[]
for i in range(jieshu-1):
    x=float(input())#输入 c
    c.append(x)
print("请输入 f")
f=[]
for i in range(jieshu):
    x=float(input()) #输入 f
    f.append(x)
beita=[]
y=[]
x=[]
for i in range(jieshu-1):
    beita.append(0)
for i in range(jieshu):
    y.append(0)
for i in range(jieshu):
    x.append(0)
for i in range(jieshu-1):
    if i == 0:
        beita[0]=c[0]/b[0]
    else:
        beita[i]=c[i]/(b[i]-a[i-1]*beita[i-1])
for i in range(jieshu):
    if i==0:
```

```
        y[0]=f[0]/b[0]
    else:
        y[i]=(f[i]-a[i-1]*y[i-1])/(b[i]-a[i-1]*beita[i-1])
for i in range(jieshu):
    wuhu=jieshu-i
    if wuhu==jieshu:
        x[jieshu-1]=y[jieshu-1]
    else:
        x[wuhu-1]=y[wuhu-1]-beita[wuhu-1]*x[wuhu]
print('β=')
print(beita)
print('y=')
print(y)
for i in range(jieshu):
    print('x',i+1,'=',x[i])#输出运行结果x
print('x=',x)
```

这里要按照三条对角线方向输入，输入方程组的系数如下：

```
矩阵的阶数：3
请输入a
52
7
请输入b
36
34
1.1
请输入c
51
74
请输入f
33
45
3
```

输出结果如下：

```
β=
[1.4166666666666667, -1.8655462184873948]
y=
[0.9166666666666666, 0.06722689075630245, 0.17864561695056091]
x 1 = 0.3492937266306605
x 2 = 0.400498545907769
x 3 = 0.17864561695056091
x= [0.3492937266306605, 0.400498545907769, 0.17864561695056091]
```

4．超定方程组的最小二乘法

设方程组 $\boldsymbol{Ax}=\boldsymbol{b}$ 中，$\boldsymbol{A}=(a_{ij})_{m\times n}$，$\boldsymbol{b}$ 是 m 维已知向量，$\boldsymbol{x}$ 是 n 维解向量，当 $m>n$ 时，即方程组中方程的个数多于自变量的个数，称此方程组为超定方程组。

设超定线性方程组为

$$\begin{cases} a_{11}x_1+a_{12}x_2+\cdots+a_{1n}x_n=b_1 \\ a_{21}x_1+a_{22}x_2+\cdots+a_{2n}x_n=b_2 \\ \qquad\vdots \\ a_{m1}x_1+a_{m2}x_2+\cdots+a_{mn}x_n=b_m \end{cases} \tag{4.18}$$

其矩阵形式仍记为 $\boldsymbol{Ax}=\boldsymbol{b}$，其中 $\boldsymbol{A}$ 为 $m\times n$ 阶矩阵，$\boldsymbol{x}\in\mathbf{R}^n$，$\boldsymbol{b}\in\mathbf{R}^m\,(m>n)$。

如果存在 $\boldsymbol{x}^*$，使得由它产生的每个方程的偏差（$b_i-\sum\limits_{j=1}^{n}a_{ij}x_j$）的平方和最小，即求

$$\min f(\boldsymbol{x})=\sum_{i=1}^{m}(b_i-\sum_{j=1}^{n}a_{ij}x_j)^2=\|\boldsymbol{b}-\boldsymbol{Ax}\|_2^2 \tag{4.19}$$

的解，上述问题称为线性最小二乘问题，$\boldsymbol{x}^*$ 称为方程组 $\boldsymbol{Ax}=\boldsymbol{b}$ 的最小二乘解。

根据多元微分学，式（4.19）的解必定是 $f(\boldsymbol{x})$ 的驻点，由于

$$\begin{aligned}\frac{\partial f}{\partial x_k}&=\sum_{i=1}^{m}2(b_i-\sum_{j=1}^{n}a_{ij}x_j)(-a_{ik})\\&=-2\sum_{i=1}^{m}a_{ik}(b_i-\sum_{j=1}^{n}a_{ij}x_j)，\quad k=1,2,\cdots,n\end{aligned}$$

因此，求解式（4.19）可转化为求解下列方程组：

$$\sum_{i=1}^{m}a_{ik}(b_i-\sum_{j=1}^{n}a_{ij}x_j)=0，\quad k=1,2,\cdots,n$$

即

$$\begin{cases} \sum\limits_{i=1}^{m}a_{i1}(\sum\limits_{j=1}^{n}a_{ij}x_j)=\sum\limits_{i=1}^{m}a_{i1}b_i \\ \sum\limits_{i=1}^{m}a_{i2}(\sum\limits_{j=1}^{n}a_{ij}x_j)=\sum\limits_{i=1}^{m}a_{i2}b_i \\ \qquad\vdots \\ \sum\limits_{i=1}^{m}a_{in}(\sum\limits_{j=1}^{n}a_{ij}x_j)=\sum\limits_{i=1}^{m}a_{in}b_i \end{cases} \tag{4.20}$$

为了方便，我们记 $\boldsymbol{a}_k=(a_{1k},a_{2k},\cdots,a_{mk})^{\mathrm{T}}$，可写为

$$\sum_{i=1}^{m}a_{ik}(\sum_{j=1}^{n}a_{ij}x_j)=\sum_{j=1}^{n}(\sum_{i=1}^{m}a_{ik}a_{ij})\,x_j=\sum_{j=1}^{n}\boldsymbol{a}_k^{\mathrm{T}}\boldsymbol{a}_j x_j$$

$$\sum_{i=1}^{m} a_{ik} b_i = \boldsymbol{a}_k^{\mathrm{T}} \boldsymbol{b}$$

于是方程组（4.20）可记为

$$\begin{cases} \sum_{j=1}^{n} \boldsymbol{a}_1^{\mathrm{T}} a_j x_j = \boldsymbol{a}_1^{\mathrm{T}} \boldsymbol{b} \\ \sum_{j=1}^{n} \boldsymbol{a}_2^{\mathrm{T}} a_j x_j = \boldsymbol{a}_2^{\mathrm{T}} \boldsymbol{b} \\ \quad \vdots \\ \sum_{j=1}^{n} \boldsymbol{a}_n^{\mathrm{T}} a_j x_j = \boldsymbol{a}_n^{\mathrm{T}} \boldsymbol{b} \end{cases}$$

若写为矩阵的形式，则为

$$\boldsymbol{A}^{\mathrm{T}} \boldsymbol{A} \boldsymbol{x} = \boldsymbol{A}^{\mathrm{T}} \boldsymbol{b} \tag{4.21}$$

这是一个 n 阶的线性方程组，称为超定方程的正规方程组。

定理 4.1 若 $\boldsymbol{x}^*$ 是方程组 $\boldsymbol{A}\boldsymbol{x} = \boldsymbol{b}$ 的最小二乘解，则 $\boldsymbol{x}^*$ 是正规方程组

$$\boldsymbol{A}^{\mathrm{T}} \boldsymbol{A} \boldsymbol{x} = \boldsymbol{A}^{\mathrm{T}} \boldsymbol{b}$$

的解。

证明：由于 $\boldsymbol{x}^*$ 是方程组 $\boldsymbol{A}\boldsymbol{x} = \boldsymbol{b}$ 的最小二乘解，因此有

$$\min \|\boldsymbol{b} - \boldsymbol{A}\boldsymbol{x}\|_2 = \|\boldsymbol{b} - \boldsymbol{A}\boldsymbol{x}^*\|_2$$

由 2-范数与内积的关系定义二次函数 $\varphi(\boldsymbol{x})$ 为

$$\begin{aligned} \varphi(\boldsymbol{x}) = \|\boldsymbol{A}\boldsymbol{x} - \boldsymbol{b}\|_2^2 &= (\boldsymbol{A}\boldsymbol{x} - \boldsymbol{b}, \boldsymbol{A}\boldsymbol{x} - \boldsymbol{b}) \\ &= (\boldsymbol{A}\boldsymbol{x}, \boldsymbol{A}\boldsymbol{x}) - 2(\boldsymbol{A}\boldsymbol{x}, \boldsymbol{b}) + (\boldsymbol{b}, \boldsymbol{b}) \end{aligned}$$

取任意的 n 维向量 $\boldsymbol{u}$，构造一元函数并代入上式，得

$$g(t) = \varphi(\boldsymbol{x}^* + t\boldsymbol{u}) = (\boldsymbol{A}(\boldsymbol{x}^* + t\boldsymbol{u}), \boldsymbol{A}(\boldsymbol{x}^* + t\boldsymbol{u})) - 2(\boldsymbol{A}(\boldsymbol{x}^* + t\boldsymbol{u}), \boldsymbol{b}) + (\boldsymbol{b}, \boldsymbol{b})$$

可以看出，$g(t)$ 是关于变量 t 的二次函数，

$$g(t) = \varphi(\boldsymbol{x}^* + t\boldsymbol{u}) = g(0) + 2t[(\boldsymbol{A}\boldsymbol{x}^*, \boldsymbol{A}\boldsymbol{u}) - (\boldsymbol{A}\boldsymbol{u}, \boldsymbol{b})] + t^2(\boldsymbol{A}\boldsymbol{u}, \boldsymbol{A}\boldsymbol{u})$$

易得出，$t = 0$ 是 $g(t)$ 的极小值点，且 $g'(0) = 0$，则有

$$g'(0) = 2[(\boldsymbol{A}\boldsymbol{x}^*, \boldsymbol{A}\boldsymbol{u}) - (\boldsymbol{A}\boldsymbol{u}, \boldsymbol{b})] = 0$$

整理得 $(\boldsymbol{A}\boldsymbol{u}, \boldsymbol{A}\boldsymbol{x}^* - \boldsymbol{b}) = 0$。最后由内积的性质得

$$(\boldsymbol{u}, \boldsymbol{A}^{\mathrm{T}}(\boldsymbol{A}\boldsymbol{x}^* - \boldsymbol{b})) = 0$$

又由于 n 维向量 $\boldsymbol{u}$ 的任意性，得 $\boldsymbol{A}^{\mathrm{T}}(\boldsymbol{A}\boldsymbol{x}^* - \boldsymbol{b}) = 0$。

定理 4.2 若 $\boldsymbol{x}^*$ 是正规方程组 $\boldsymbol{A}^{\mathrm{T}}\boldsymbol{A}\boldsymbol{x}=\boldsymbol{A}^{\mathrm{T}}\boldsymbol{b}$ 的解，则 $\boldsymbol{x}^*$ 是超定方程组

$$\boldsymbol{A}\boldsymbol{x}=\boldsymbol{b}$$

的最小二乘解。

一般地，求解方程组 $\boldsymbol{A}^{\mathrm{T}}\boldsymbol{A}\boldsymbol{x}=\boldsymbol{A}^{\mathrm{T}}\boldsymbol{b}$ 可用平方根法或 $\mathrm{LDL}^{\mathrm{T}}$ 法。

求超定方程组的最小二乘解的计算步骤如下。

步骤 1：计算 $\boldsymbol{A}^{\mathrm{T}}\boldsymbol{A}=\boldsymbol{M}$ ， $\boldsymbol{A}^{\mathrm{T}}\boldsymbol{b}=\boldsymbol{f}$ 。

步骤 2：对 $\boldsymbol{M}$ 做 Cholesky 分解 $\boldsymbol{M}=\boldsymbol{L}\boldsymbol{L}^{\mathrm{T}}$ （或 $\mathrm{LDL}^{\mathrm{T}}$ 法分解 $\boldsymbol{M}=\boldsymbol{L}\boldsymbol{D}\boldsymbol{L}^{\mathrm{T}}$ ）。

步骤 3：求解方程组 $\boldsymbol{L}\boldsymbol{y}=\boldsymbol{f}$ ， $\boldsymbol{L}^{\mathrm{T}}\boldsymbol{x}=\boldsymbol{y}$ （或 $\boldsymbol{L}\boldsymbol{z}=\boldsymbol{f}$ ， $\boldsymbol{y}=\boldsymbol{D}^{-1}\boldsymbol{z}$ ， $\boldsymbol{L}^{\mathrm{T}}\boldsymbol{x}=\boldsymbol{y}$ ）。

5. QR 分解

我们已经用初等变换所对应的初等矩阵研究了矩阵的三角化问题，产生了矩阵的 LU 三角分解，这种三角分解对数值代数算法的发展起了重要的作用。但是，LU 三角分解方法并不能消除病态方程组的不稳定问题，后来人们发现了正交变换这个工具，给出了 QR 分解方法。QR 方法在解决矩阵特征值的计算、最小二乘等问题中发挥了重要的作用。

定义 4.1 若存在 n 阶正交矩阵 $\boldsymbol{Q}$ 和 n 阶上三角矩阵 $\boldsymbol{R}$ ，使得 $\boldsymbol{A}=\boldsymbol{Q}\boldsymbol{R}$ ，则称 $\boldsymbol{Q}$ 和 $\boldsymbol{R}$ 是 $\boldsymbol{A}$ 的 QR 分解。

定理 4.3 任何实的非奇异矩阵 $\boldsymbol{A}$ 可以分解成正交矩阵 $\boldsymbol{Q}$ 和上三角矩阵 $\boldsymbol{R}$ 的乘积，即

$$\boldsymbol{A}=\boldsymbol{Q}\boldsymbol{R}$$

且分解唯一。

证明：设 $\boldsymbol{A}$ 是一个实满秩矩阵，$\boldsymbol{A}$ 的 n 个列向量为 $\boldsymbol{a}_1,\boldsymbol{a}_2,\cdots,\boldsymbol{a}_n$ ，由于 $\boldsymbol{a}_1,\boldsymbol{a}_2,\cdots,\boldsymbol{a}_n$ 线性无关，因此可用施密特（Schmidt）正交化方法将它们化为标准正交向量 $\boldsymbol{q}_1,\boldsymbol{q}_2,\cdots,\boldsymbol{q}_n$ 。

首先对 $\boldsymbol{a}_1,\boldsymbol{a}_2,\cdots,\boldsymbol{a}_n$ 正交化，可得

$$\begin{cases}\boldsymbol{b}_1=\boldsymbol{a}_1\\ \boldsymbol{b}_2=\boldsymbol{a}_2-k_{21}\boldsymbol{b}_1\\ \boldsymbol{b}_3=\boldsymbol{a}_3-k_{31}\boldsymbol{b}_1-k_{32}\boldsymbol{b}_2\\ \qquad\vdots\\ \boldsymbol{b}_n=\boldsymbol{a}_n-k_{n1}\boldsymbol{b}_1-k_{n2}\boldsymbol{b}_2-\cdots-k_{n(n-1)}\boldsymbol{b}_{n-1}\end{cases}$$

其中， $k_{ij}=\dfrac{(\boldsymbol{a}_i,\boldsymbol{b}_i)}{(\boldsymbol{a}_j,\boldsymbol{b}_j)}$ $(j<i)$ 。

将上式进行变形，可得

$$\begin{cases} \boldsymbol{a}_1 = \boldsymbol{b}_1 \\ \boldsymbol{a}_2 = k_{21}\boldsymbol{b}_1 + \boldsymbol{b}_2 \\ \boldsymbol{a}_3 = k_{31}\boldsymbol{b}_1 + k_{32}\boldsymbol{b}_2 + \boldsymbol{b}_3 \\ \qquad \vdots \\ \boldsymbol{a}_n = k_{n1}\boldsymbol{b}_1 + k_{n2}\boldsymbol{b}_2 + \cdots + k_{n(n-1)}\boldsymbol{b}_{n-1} + \boldsymbol{b}_n \end{cases}$$

把上述方程组表示为矩阵形式，从而有

$$\begin{aligned} \boldsymbol{A} = (\boldsymbol{a}_1,\boldsymbol{a}_2,\cdots,\boldsymbol{a}_n) &= (\boldsymbol{b}_1,\boldsymbol{b}_2,\cdots,\boldsymbol{b}_n)\begin{pmatrix} 1 & k_{21} & \cdots & k_{n1} \\ & 1 & \cdots & k_{n2} \\ & & \ddots & \vdots \\ & & & 1 \end{pmatrix} \\ &= (\boldsymbol{b}_1,\boldsymbol{b}_2,\cdots,\boldsymbol{b}_n)\boldsymbol{C} \end{aligned}$$

再对 $\boldsymbol{b}_1,\boldsymbol{b}_2,\cdots,\boldsymbol{b}_n$ 进行单位化，可得 $\boldsymbol{q}_i = \dfrac{\boldsymbol{b}_i}{|\boldsymbol{b}_i|}$（$i = 1,2,\cdots,n$）。

于是有

$$\begin{aligned} \boldsymbol{A} = (\boldsymbol{a}_1,\boldsymbol{a}_2,\cdots,\boldsymbol{a}_n) &= (\boldsymbol{b}_1,\boldsymbol{b}_2,\cdots,\boldsymbol{b}_n)\boldsymbol{C} \\ &= (\boldsymbol{q}_1,\boldsymbol{q}_2,\cdots,\boldsymbol{q}_n)\begin{pmatrix} |\boldsymbol{b}_1| & & & \\ & |\boldsymbol{b}_2| & & \\ & & \ddots & \\ & & & |\boldsymbol{b}_n| \end{pmatrix}\boldsymbol{C} \\ &= \boldsymbol{B}'\boldsymbol{C} = \boldsymbol{Q}\boldsymbol{R} \end{aligned}$$

其中，$\boldsymbol{Q} = (\boldsymbol{q}_1,\boldsymbol{q}_2,\cdots,\boldsymbol{q}_n)$ 是正交矩阵，$\boldsymbol{R} = \boldsymbol{B}'\boldsymbol{C}$ 是上三角矩阵。

下面证明唯一性。若

$$\boldsymbol{A} = \boldsymbol{Q}\boldsymbol{R} = \boldsymbol{Q}_1\boldsymbol{R}_1$$

则有

$$\boldsymbol{Q} = \boldsymbol{Q}_1\boldsymbol{R}_1\boldsymbol{R}^{-1} = \boldsymbol{Q}_1\boldsymbol{L}$$

由于 $\boldsymbol{R}$ 是上三角阵，因此 $\boldsymbol{L} = \boldsymbol{R}_1\boldsymbol{R}^{-1}$ 也是上三角阵，且对角元都为正数。又因为 $\boldsymbol{Q}^{\mathrm{T}}\boldsymbol{Q} = \boldsymbol{I}$，故

$$\boldsymbol{Q}^{\mathrm{T}}\boldsymbol{Q} = \boldsymbol{I} = (\boldsymbol{Q}_1\boldsymbol{L})^{\mathrm{T}}(\boldsymbol{Q}_1\boldsymbol{L}) = \boldsymbol{L}^{\mathrm{T}}\boldsymbol{Q}_1^{\mathrm{T}}\boldsymbol{Q}_1\boldsymbol{L} = \boldsymbol{L}^{\mathrm{T}}\boldsymbol{L}$$

因此，$\boldsymbol{L}$ 为正交单位矩阵，有

$$\boldsymbol{Q} = \boldsymbol{Q}_1\boldsymbol{L} = \boldsymbol{Q}_1, \boldsymbol{R}_1 = \boldsymbol{L}\boldsymbol{R} = \boldsymbol{R}$$

接下来，借助豪斯霍（Householder）变换实现矩阵的 QR 分解。Householder 变换又称为镜像变换或反射变换。

定义 4.2 设 $\boldsymbol{u}$ 是 n 维的单位列向量，则称

$$\boldsymbol{H} = \boldsymbol{I} - 2\boldsymbol{u}\boldsymbol{u}^{\mathrm{T}} \tag{4.22}$$

为 Householder 矩阵，其中 $\boldsymbol{I}$ 是 n 阶单位矩阵。

性质 4.1 若 $\boldsymbol{H}$ 为 Householder 矩阵，则有以下性质。

（1）$\boldsymbol{H}$ 为 Hermite 矩阵，$\boldsymbol{H}^{\mathrm{T}} = \boldsymbol{H}$。

（2）$\boldsymbol{H}$ 为酉矩阵，$\boldsymbol{H}^{\mathrm{T}}\boldsymbol{H} = \boldsymbol{I}$。

（3）$\boldsymbol{H}$ 为对合矩阵，$\boldsymbol{H}^2 = \boldsymbol{I}$。

（4）$\boldsymbol{H}$ 为自逆矩阵，$\boldsymbol{H}^{-1} = \boldsymbol{H}$。

（5）$\det \boldsymbol{H} = -1$。

定理 4.4 若 $\boldsymbol{w} \in \boldsymbol{C}^n$ 是一个单位向量，则对于任意的 $\boldsymbol{z} \in \boldsymbol{C}^n$，存在 Householder 矩阵 $\boldsymbol{H}$，使得

$$\boldsymbol{H}\boldsymbol{z} = a\boldsymbol{w}$$

其中，$|a| = \|\boldsymbol{z}\|_2$。

利用 Householder 矩阵求矩阵的 QR 分解的步骤如下。

步骤 1：首先将矩阵 $\boldsymbol{A}$ 进行按列分块 $\boldsymbol{A} = (\alpha_1, \alpha_2, \cdots, \alpha_n)$，取

$$\boldsymbol{u}_1 = \frac{\alpha_1 - a_1 e_1}{\|\alpha_1 - a_1 e_1\|_2}, \quad a_1 = \|\alpha_1\|_2$$

那么有

$$\boldsymbol{H}_1 = \boldsymbol{I} - 2\boldsymbol{u}_1\boldsymbol{u}_1^{\mathrm{T}}$$

$$\boldsymbol{H}_1\boldsymbol{A} = (\boldsymbol{H}_1\alpha_1, \boldsymbol{H}_1\alpha_2, \cdots, \boldsymbol{H}_1\alpha_n) = \begin{pmatrix} a_1 & \boldsymbol{b}^{(1)} \\ \boldsymbol{0} & \boldsymbol{B}_1 \end{pmatrix}$$

步骤 2：将矩阵 $\boldsymbol{B}_1$ 进行按列分块 $\boldsymbol{B}_1 = (\beta_1, \beta_2, \cdots, \beta_n)$，取

$$\boldsymbol{u}_2 = \frac{\beta_1 - b_2 e_1}{\|\beta_1 - b_2 e_1\|_2}, \quad b_2 = \|\beta_2\|_2$$

$$\tilde{\boldsymbol{H}}_2 = \boldsymbol{I} - 2\boldsymbol{u}_2\boldsymbol{u}_2^{\mathrm{T}}, \quad \boldsymbol{H}_2 = \begin{pmatrix} 1 & 0 \\ 0 & \tilde{\boldsymbol{H}}_2 \end{pmatrix}$$

那么有

$$\boldsymbol{H}_2(\boldsymbol{H}_1\boldsymbol{A}) = \begin{pmatrix} a_1 & * & \boldsymbol{b}^{(2)} \\ 0 & a_2 & \boldsymbol{c}^{(2)} \\ \boldsymbol{0} & \boldsymbol{0} & \boldsymbol{C}_2 \end{pmatrix}$$

步骤 3：依次进行，可以得第 $n-1$ 个 n 阶的 Householder 矩阵 $\boldsymbol{H}_{n-1}$，使得

$$\boldsymbol{H}_{n-1}\cdots\boldsymbol{H}_2\boldsymbol{H}_1\boldsymbol{A}=\begin{pmatrix} a_1 & * & \cdots & * \\ & a_2 & & \vdots \\ & & \ddots & * \\ & & & a_n \end{pmatrix}=R$$

步骤 4：由于 $\boldsymbol{H}_i$ 是自逆矩阵，故先令 $\boldsymbol{Q}=\boldsymbol{H}_1\boldsymbol{H}_2\cdots\boldsymbol{H}_{n-1}$，得到

$$\boldsymbol{A}=\boldsymbol{QR}$$

再用矩阵的 QR 分解法直接求解超定方程组 $\boldsymbol{Ax}=\boldsymbol{b}$。由 QR 分解得到 $\boldsymbol{A}=\boldsymbol{QR}$，其中 $\boldsymbol{Q}$ 是正交矩阵，$\boldsymbol{R}$ 是上三角矩阵且非奇异。然后将 QR 分解代入最小二乘解的表达式 $\boldsymbol{A}^{\mathrm{T}}\boldsymbol{Ax}=\boldsymbol{A}^{\mathrm{T}}\boldsymbol{b}$，就可以得到

$$\boldsymbol{X}=\left(\boldsymbol{R}^{\mathrm{T}}\boldsymbol{Q}^{\mathrm{T}}\boldsymbol{QR}\right)^{-1}\left(\boldsymbol{QR}\right)^{\mathrm{T}}\boldsymbol{b} \tag{4.23}$$

6. 奇异值分解

奇异值分解是在求解病态线性方程组中一个很好的方法，在统计分析、控制理论、信号处理等领域被广泛应用。

定理 4.5 设 $\boldsymbol{A}\in\boldsymbol{C}^{m\times n}$，$\mathrm{rank}\boldsymbol{A}=r>0$，则 $\boldsymbol{A}$ 有奇异值分解

$$\boldsymbol{A}=\boldsymbol{U\Sigma V}^{\mathrm{T}},\quad \boldsymbol{\Sigma}=\mathrm{diag}\{\sigma_1,\sigma_2,\cdots,\sigma_r\} \tag{4.24}$$

其中，$\boldsymbol{U}$ 为 m 阶酉矩阵，$\boldsymbol{U}$ 中的列向量是矩阵 $\boldsymbol{AA}^T$ 的标准正交特征向量；$\boldsymbol{V}$ 为 n 阶酉矩阵，$\boldsymbol{V}$ 中的列向量是矩阵 $\boldsymbol{A}^{\mathrm{T}}\boldsymbol{A}$ 的标准正交特征向量；$\boldsymbol{\Sigma}$ 为对角矩阵，$\boldsymbol{\Sigma}=\mathrm{diag}\{\sigma_1,\sigma_2,\cdots,\sigma_r\}$，$\sigma_1\geqslant\sigma_2\geqslant\cdots\geqslant\sigma_r>0$ 是 $\boldsymbol{A}$ 的 r 个正奇异值。

假设有一般的线性方程组

$$\boldsymbol{Ax}=\boldsymbol{b}$$

其中，$\boldsymbol{A}$ 为 $m\times n$ 矩阵，且有 $m\geqslant n$，$\boldsymbol{b}$ 为给定的 m 维向量，$\boldsymbol{x}$ 为给定的 n 维向量。对 $\boldsymbol{A}$ 进行奇异值分解，得

$$\boldsymbol{U\Sigma V}^{\mathrm{T}}\boldsymbol{x}=\boldsymbol{b}$$

令

$$\boldsymbol{y}=\boldsymbol{V}^{\mathrm{T}}\boldsymbol{x},\ \ \boldsymbol{d}=\boldsymbol{U}^{\mathrm{T}}\boldsymbol{b} \tag{4.25}$$

则由 $\boldsymbol{U\Sigma V}^T\boldsymbol{x}=\boldsymbol{b}$ 可得

$$\boldsymbol{\Sigma y}=\boldsymbol{d}$$

易解得

$$\sigma_j y_j = d_j, j \leqslant n,\ \sigma_j \neq 0$$

$$0 y_j = d_j, j \leqslant n,\ \sigma_j = 0 \tag{4.26}$$

$$0 = d_j, j > n$$

根据式（4.26）可以得到下面几点结论。

（1）当 $\mathrm{rank}\boldsymbol{A} = k = n$，且 $j > n$ 时，$d_j = 0$，方程有唯一解。

（2）当 $\mathrm{rank}\boldsymbol{A}=k < n$，且 $\sigma_j = 0$ 及 $j > n$ 时，d_j 均为 0，由于 y_j 可取任意值，因此可得到无穷多组解。

（3）若上面的任一条件都不满足，则方程无解。

在方程有解的情况下，首先利用式（4.25）可以求出 y_j，然后根据式（4.26）可以求得

$$\boldsymbol{x} = \boldsymbol{V}\boldsymbol{y}$$

从而求得所要求的解。

奇异值分解法求解线性方程组的时间复杂度为 $O(n^3)$。

7. Python 库函数求解

Python 的 Numpy、Scipy、Sympy 中都提供了解方程的库函数。

1）linalg.inv

求解例 4.1 的程序代码如下：

```
import numpy as np
#方程左边的矩阵
a = [[36,51,0],\
    [52,34,74],\
    [0,7,1.1]]
#方程右边的值
e = [33,45,3]
#A 矩阵的逆
b = np.linalg.inv(a)

f = b.dot(e)
print(f)
```

输出结果如下：

```
[0.34929373 0.40049855 0.17864562]
```

Numpy.linalg 中还提供了 Cholesky 分解函数 Cholesky，QR 分解函数 qr，奇异值分解函数 svd，这里不再举例说明。

2）linalg.solve

linalg.solve 的调用格式如下：

```
scipy.linalg.solve(a, b, sym_pos=False, lower=False,
overwrite_a=False, overwrite_b=False, debug=None,
check_finite=True, assume_a='gen', transposed=False)
```

求解例 4.1 的程序代码如下：

```
from scipy import linalg
import numpy as np

A = np.array([[36,51,0],\
           [52,34,74],\
           [0,7,1.1]])
b = np.array([33,45,3])
x = linalg.solve(A, b)
print(x)
```

输出结果如下：

```
[0.34929373 0.40049855 0.17864562]
```

3）sympy.solve

求解例 4.1 的程序代码如下：

```
from sympy import *
x = Symbol('x')
y = Symbol('y')
z = Symbol('z')
print(solve([36 * x + 51*y + 0*z - 33, \
           52 * x + 34*y + 74*z - 45, \
           0 * x + 7*y + 1.1*z - 3],[x,y,z]))
```

输出结果如下：

```
{x: 0.349293726630661, y: 0.400498545907769, z: 0.178645616950561}
```

4）linalg.lstsq

linalg.lstsq 的求线性方程组的最小二乘解。

其调用格式如下：

```
linalg.lstsq(a, b, rcond='warn')
```

输入参数如下。

a：系数矩阵。

b：右端项，如果是二维的，那么为 b 的每个 K 列计算最小二乘解。

输出参数如下。

x：最小二乘解。如果 b 是二维的，那么解位于 x 的 K 列中。

residuals：残差平方和，b-a*x 每列的欧几里得 2-范数平方。

rank：矩阵的秩。

s：a 的奇异值。

例 4.2 求解欠定方程组

$$\begin{cases} x_1 + x_2 + x_3 + x_4 = 1 \\ x_1 + x_2 = 1 \end{cases}$$

求解代码如下：

```
import numpy as np
A=[[1,1,1,1],[1,1,0,0]]
B=[1,1]
X=np.linalg.lstsq(A, B, rcond = -1)
print (X)
```

输出结果如下：

```
(array([ 5.00000000e-01,  5.00000000e-01, -5.55111512e-17, -5.55111512e-17]),
array([], dtype=float64), 2, array([2.28824561, 0.87403205]))
```

即得到的最小二乘解为

$x_1 = 0.5$，$x_2 = 0.5$，$x_3 = -5.55111512\text{e}-17$，$x_4 = -5.55111512\text{e}-17$

例 4.3　求解超定方程组

$$\begin{cases} x_1 + 3x_2 + x_3 = 2 \\ 3x_1 + 4x_2 + 2x_3 = 9 \\ -x_1 - 5x_2 + 4x_3 = 10 \\ 2x_1 + 7x_2 + x_3 = 10 \end{cases}$$

求解代码如下：

```
import numpy as np
A=[[1,3,1],[3,4,2],[-1,-5,4],[2,7,1]]
B=[2,9,10,10]
X=np.linalg.lstsq(A, B, rcond = -1)
print (X)
```

输出结果如下：

```
(array([-0.40268456,   0.83221477,   3.34899329]), array([14.67785235]), 3,
array([10.5374358 ,  4.83891656,  1.24391854]))
```

即得到的最小二乘解为

$$x_1=-0.40268456\text{，}\quad x_2=0.83221477\text{，}\quad x_3=3.34899329$$

四、巩固训练

1．给定线性方程组

$$\begin{cases}x_1+2x_2+3x_3=1\\5x_1+4x_2+10x_3=0\\3x_1+0.2x_2+2x_3=2\end{cases}$$

利用直接三角分解法求解。

2．设有一株植物，它的种子越冬后，一部分种子可以在第二年春天发芽、开花并产生种子，而另一部分种子不能发芽，但是越冬后可在下一年春天发芽、开花并产生种子，如此继续。假设它的年平均产种量为 c，这株植物的种子中能活过冬天的比例为 b，活过冬天的那些种子在第二年春季发芽的比例为 a_1，那些能发芽的种子中又活过一个冬天的比例仍为 b，在下一个春季发芽的比例为 a_2。不妨假设种子最多能活过两个冬天，x_k 是第 k 年的植物数量，则有模型

$$x_k+px_{k-1}+qx_{k-2}=0$$

其中，方程的系数 $p=-a_1bc$，$q=-a_2b(1-a_1)bc$。

设今年种下并成活的数量为 x_0，则差分方程可以写为三对角形式的方程组 $\boldsymbol{Ax}=\boldsymbol{b}$：

$$\begin{bmatrix}p & 1 & & & & \\ q & p & 1 & & & \\ & q & p & 1 & & \\ & & \ddots & \ddots & \ddots & \\ & & & q & p & 1\\ & & & & q & p\end{bmatrix}\begin{bmatrix}x_1\\x_2\\x_3\\\vdots\\x_{n-2}\\x_{n-1}\end{bmatrix}=\begin{bmatrix}qx_0\\0\\0\\\vdots\\0\\-x_n\end{bmatrix}$$

求第二年及以后每年的植物数量。

3．方程组：

$$\begin{cases}0.4096x_1+0.1234x_2+0.3678x_3+0.2943x_4=0.4043\\0.2246x_1+0.3872x_2+0.4015x_3+0.1129x_4=0.1550\\0.3645x_1+0.1920x_2+0.3781x_3+0.0643x_4=0.4240\\0.1784x_1+0.4002x_2+0.2786x_3+0.3927x_4=-0.2557\end{cases}$$

（1）用高斯消去法解此方程组（用四位小数计算）。

（2）用列主元高斯消去法解此方程组并与（1）比较结果。

4．下列矩阵能否分解为 $\boldsymbol{LU}$（其中 $\boldsymbol{L}$ 为单位下三角阵，$\boldsymbol{U}$ 为上三角阵）？若能分

解，那么分解是否唯一？

$$A=\begin{pmatrix}1&2&3\\2&4&1\\4&6&7\end{pmatrix},\quad B=\begin{pmatrix}1&1&1\\2&2&1\\3&3&1\end{pmatrix},\quad C=\begin{pmatrix}1&2&6\\2&5&15\\6&15&46\end{pmatrix}$$

5．奇异值分解法解下列方程组：

$$\begin{pmatrix}6.5&-1&-1&3.6\\6.2&7&-5&4\\3&2.1&-6&4.8\\1&5.6&3.7&2.1\end{pmatrix}\begin{pmatrix}x_1\\x_2\\x_3\\x_4\end{pmatrix}=\begin{pmatrix}12.3\\21.4\\-7.8\\21\end{pmatrix}$$

6．求下列超定方程组的最小二乘解：

$$\begin{pmatrix}1&-2&1\\0&1&-1\\2&-4&3\\4&-7&4\end{pmatrix}\begin{pmatrix}x_1\\x_2\\x_3\\x_4\end{pmatrix}=\begin{pmatrix}-4\\3\\-1\\-6\end{pmatrix}$$

五、拓展阅读

《九章算术》是我国古代第一部经典数学专著，是算经十书中最重要的一部。该书总结了战国、秦、汉时期的数学成就，对中国数学发展产生巨大影响。它共收录 246 个问题，分为九章：方田、粟米、衰分、少广、商功、均输、盈不足、方程、勾股，旨在用计算的方式解决人们生产生活中的问题。每道题都分问、答、术三部分，也就是题目、答案和解题步骤。《九章算术》标志着我国古代数学体系的正式确立，取得了多方面的数学成就。这里只举几个例子加以说明。

方田章共 38 题，阐述丈量土地问题，涉及分数运算。约分术曰：可半者半之，不可半者，副置分母、子之数，以少减多，更相减损，求其等也，以等数约之。合分术曰：母互乘子，并以为实；母相乘为法。减分术曰：母互乘子，以少减多，余为实。这是世界上最早系统地叙述分数的运算。

方程章共 18 题，涉及大量的正负运算。在第三题记载的正负术曰：同名相除，异名相益，正无入负之，负无入正之。其异名相除，同名相益，正无入正之，负无入负之。这里的同名、异名相当于现在的同号、异号，相益、相除指的是相加、相减。这是世界数学史上首次阐述负数及其加减运算法则。直到 7 世纪，印度的婆罗摩笈多才承认负数。

勾股章共 24 题，均利用勾股定理求解各种实际问题。勾股术曰：勾股各自乘，并而开放除之，即弦。又股自乘，以减弦自乘，其余开方除之，即勾。又勾自乘，以减弦自乘，其余开方除之，即股。书中完整地给出了勾股定理的 3 种形式，在西方，毕达哥拉斯、欧几里得等仅得到了这个公式的几种特殊情况，直到 3 世纪的丢番图才取得相近的结果。

魏晋时期，刘徽的《九章算术注》完善了《九章算术》中的很多细节，丰富和发展了大量数学思想，贡献极大。南宋数学家秦九韶总结并改进了《九章算术》的算法，于 1247 年编写完成了著名的《数学九章》，这是宋元时期数学的主要成就之一。其中，系统总结和发展的高次方程数值解法——“正负平方术”，在世界数学史上占有重要地位。1819 年，英国人霍纳也提出了同样的解法，比秦九韶晚了 500 多年。

第五章

线性方程组的迭代解法

在流体力学、统计物理、电磁学、图像处理、应力应变、气象预测等实际工程领域的模拟仿真中，通过对模型方程的离散和处理，最终都涉及大型稀疏线性方程组求解问题。此时，一次求解的矩阵规模往往达到几万级甚至亿级，采用直接解法往往耗时太长，并且占用大量存储资源，影响模拟性能。

目前，迭代法是一种重要的求解大型稀疏线性方程组的数值计算方法。迭代法的基本思想是针对求解问题，预先设计好迭代格式，从而产生求解问题近似解的替代序列。在近似解的序列收敛于精确解的情况下，按精度要求取某个迭代值作为问题解的近似值。本章主要介绍几种经典的迭代法，包括雅可比（Jacobi）迭代法、高斯-赛德尔（Gauss-Seidel）迭代法、逐次超松弛迭代法（Successive Over Relaxation Method，简称 SOR 方法）、最速下降法和共轭梯度法。

一、学习目标

了解迭代法的基本概念，理解迭代法中迭代格式的建立过程，掌握 Jacobi 迭代法、Gauss-Seidel 迭代法、SOR 方法、最速下降法和共轭梯度法的算法原理；培养编程能力及上机调试能力。

二、案例引导

（1）随着科学技术的快速发展，近年来多传感器技术已经成功应用于组网雷达。对单雷达测量目标来说，随着测量距离的进一步增加，精度误差会越来越大。而组网雷达利用多个雷达观测某个目标，结合多个雷达对此目标的信息，能够提高测量精度。

以三维坐标系内 4 部雷达组成的组网雷达为例，4 部雷达都装有全向天线，用于对目标的观测，雷达的坐标分别为 X_1, X_2, X_3, X_4。4 部雷达命名为 Radar1,Radar2,Radar3,Radar4，目标命名为 Target。组网雷达与目标的几何关系如图 5.1 所示。

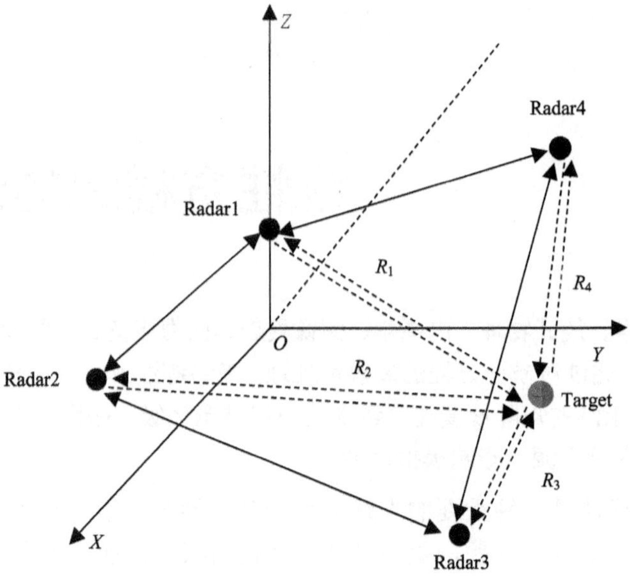

图 5.1　组网雷达与目标的几何关系

由几何关系可得

$$\begin{cases}(x_1-x)^2+(y_1-y)^2+(z_1-z)^2=R_1^2\\(x_2-x)^2+(y_2-y)^2+(z_2-z)^2=R_2^2\\(x_3-x)^2+(y_3-y)^2+(z_3-z)^2=R_3^2\\(x_4-x)^2+(y_4-y)^2+(z_4-z)^2=R_4^2\end{cases}$$

其中，4 部雷达的坐标分别为 $X_1(x_1,y_1,z_1),X_2(x_2,y_2,z_2),X_3(x_3,y_3,z_3),X_4(x_4,y_4,z_4)$，目标的坐标为 $X_0(x,y,z)$，以上四式两两相减，并化简为矩阵形式可得

$$\begin{bmatrix}x_2-x_1 & y_2-y_1 & z_2-z_1\\x_3-x_1 & y_3-y_1 & z_3-z_1\\x_4-x_3 & y_4-y_3 & z_4-z_3\end{bmatrix}\begin{bmatrix}x\\y\\z\end{bmatrix}=\frac{1}{2}\begin{bmatrix}RR_{12}\\RR_{13}\\RR_{34}\end{bmatrix}$$

其中，$RR_{ij}=R_i^2-R_j^2-x_i^2+x_j^2-y_i^2+y_j^2-z_i^2+z_j^2$。根据方程组解出目标的估计坐标 $\hat{X}_0(x,y,z)$。

（2）泊松方程广泛应用于电磁学、热力学、流体力学等领域，是研究实际物理问题的重要基础模型。二维空间下泊松方程的具体形式为

$$\frac{\partial^2\varphi}{\partial x^2}+\frac{\partial^2\varphi}{\partial y^2}=f$$

工程上常用经典的五点差分格式进行数值求解。假设求解区域为 $[0,1]\times[0,1]$，首先将其分为 $n\times n$ 格，令 $h=1/n$，用差分近似二阶导数可得

$$\left.\frac{\partial^2\varphi}{\partial x^2}\right|_{x=x_i,y=y_j} \approx \frac{\varphi\left(x_{i+1},y_j\right)-2\varphi\left(x_i,y_j\right)+\varphi\left(x_{i-1},y_j\right)}{h^2}$$

$$\left.\frac{\partial^2\varphi}{\partial y^2}\right|_{x=x_i,y=y_j} \approx \frac{\varphi\left(x_i,y_{j+1}\right)-2\varphi\left(x_i,y_j\right)+\varphi\left(x_i,y_{j-1}\right)}{h^2}$$

若添加边界条件$\varphi=0$，则只需要求解内部网格点处的值即可。内部网络点按照从下到上，从左到右排序，总计N个。记$\boldsymbol{x}=(\varphi_1,\varphi_2,\cdots,\varphi_N)^{\mathrm{T}}$，$\boldsymbol{b}=h^2(f_1,f_2,\cdots,f_N)^{\mathrm{T}}$，$f_i$为$f$在第$i$个网格点的值，则求网格点上的$\varphi\left(x,y\right)$就转化为求解大型稀疏线性方程组$\boldsymbol{Ax}=\boldsymbol{b}$。例如，当$n=4$时得到的系数矩阵$\boldsymbol{A}$为

$$\begin{pmatrix} 4 & -1 & -1 & 0 & 0 & 0 & 0 & 0 & 0 \\ -1 & 4 & 0 & 0 & -1 & 0 & 0 & 0 & 0 \\ 0 & -1 & 4 & 0 & 0 & -1 & 0 & 0 & 0 \\ -1 & 0 & 0 & 4 & -1 & 0 & -1 & 0 & 0 \\ 0 & -1 & 0 & 0 & 4 & -1 & 0 & -1 & 0 \\ 0 & 0 & -1 & 0 & -1 & 4 & 0 & 0 & -1 \\ 0 & 0 & 0 & -1 & 0 & 0 & 4 & -1 & 0 \\ 0 & 0 & 0 & 0 & -1 & 0 & -1 & 4 & -1 \\ 0 & 0 & 0 & 0 & 0 & -1 & 0 & -1 & 4 \end{pmatrix}$$

这是9阶稀疏矩阵。若分为100份，则需要求解$(100-1)^2=9801$阶的方程组。在实际应用中可能划分得更细，直接求解显然不太实际，需要借助迭代法求解。

三、知识链接

设有n阶方程组

$$\begin{cases} a_{11}x_1+a_{12}x_2+\cdots+a_{1n}x_n=b_1 \\ a_{21}x_1+a_{22}x_2+\cdots+a_{2n}x_n=b_2 \\ \qquad\vdots \\ a_{n1}x_1+a_{n2}x_2+\cdots+a_{nn}x_n=b_n \end{cases} \tag{5.1}$$

将其写成矩阵形式$\boldsymbol{Ax}=\boldsymbol{b}$，其中

$$\boldsymbol{A}=\begin{bmatrix} a_{11} & a_{12} & \cdots & a_{1n} \\ a_{21} & a_{22} & \cdots & a_{2n} \\ \vdots & \vdots & & \vdots \\ a_{n1} & a_{n2} & \cdots & a_{nn} \end{bmatrix};\ \boldsymbol{x}=\begin{bmatrix} x_1 \\ x_2 \\ \vdots \\ x_n \end{bmatrix};\ \boldsymbol{b}=\begin{bmatrix} b_1 \\ b_2 \\ \vdots \\ b_n \end{bmatrix}$$

线性方程组迭代求解的基本思想就是从方程的一组近似解开始逐步迭代，得到一个收敛于方程组解向量$\boldsymbol{x}^*$的向量序列$\left\{\boldsymbol{x}^{(k)}\right\}$。一般可以将方程组$\boldsymbol{Ax}=\boldsymbol{b}$转化为与其等价的方程组

$$\boldsymbol{x} = \boldsymbol{B}\boldsymbol{x} + \boldsymbol{f} \tag{5.2}$$

其中，$\boldsymbol{B} \in \mathbf{R}^{n \times n}$；$\boldsymbol{f} \in \mathbf{R}^{n}$。取一初始向量 $\boldsymbol{x}^{(0)}$，由式（5.2）构造以下迭代公式

$$\boldsymbol{x}^{(k+1)} = \boldsymbol{B}\boldsymbol{x}^{(k)} + \boldsymbol{f}，\ k = 0,1,2,\cdots$$

可产生向量序列 $\left\{\boldsymbol{x}^{(k)}\right\}$。矩阵 $\boldsymbol{B}$ 的选择不同，对应的迭代法也不同。

引理 5.1 设 $\boldsymbol{B} \in \mathbf{R}^{n \times n}$，则 $\lim\limits_{k \to \infty} \boldsymbol{B}^k = 0$ 的充分必要条件是 $\rho(\boldsymbol{B}) < 1$，其中 $\rho(\boldsymbol{B}) = \max\limits_{i} |\lambda_i|$ 为 $\boldsymbol{B}$ 的谱半径，λ_i 为 $\boldsymbol{B}$ 的特征值。

1. Jacobi 迭代法

1）基本原理

要得到式（5.2）形式的等价方程组，一种简单的做法是先对第 i 个方程保留变量 x_i 在等式左边，其余放到等式右边，再将式（5.1）中的第 i（$i = 1,2,\cdots,n$）个方程除以 a_{ii}（$a_{ii} \neq 0$，$i = 1,2,\cdots,n$），得到

$$\begin{cases} x_1 = \dfrac{1}{a_{11}}\left(b_1 - a_{12}x_2 - a_{13}x_3 - \cdots - a_{1n}x_n\right) \\ x_2 = \dfrac{1}{a_{22}}\left(b_2 - a_{21}x_1 - a_{23}x_3 - \cdots - a_{2n}x_n\right) \\ \qquad\qquad \vdots \\ x_n = \dfrac{1}{a_{nn}}\left(b_n - a_{n1}x_1 - a_{n2}x_2 - \cdots - a_{n(n-1)}x_{n-1}\right) \end{cases}$$

这就是式（5.1）的一种等价格式。由此可构造以下迭代格式：

$$\begin{cases} x_1^{(k+1)} = \dfrac{1}{a_{11}}\left(b_1 - a_{12}x_2^{(k)} - a_{13}x_3^{(k)} - \cdots - a_{1n}x_n^{(k)}\right) \\ x_2^{(k+1)} = \dfrac{1}{a_{22}}\left(b_2 - a_{21}x_1^{(k)} - a_{23}x_3^{(k)} - \cdots - a_{2n}x_n^{(k)}\right) \\ \qquad\qquad \vdots \\ x_n^{(k+1)} = \dfrac{1}{a_{nn}}\left(b_n - a_{n1}x_1^{(k)} - a_{n2}x_2^{(k)} - \cdots - a_{n,n-1}x_{n-1}^{(k)}\right) \end{cases}$$

称为求解方程组（5.1）的 Jacobi 迭代公式，简写形式如下：

$$\begin{cases} \boldsymbol{x}^{(0)} = \left(x_1^{(0)}, x_2^{(0)}, \cdots, x_n^{(0)}\right)^{\mathrm{T}} \\ x_i^{(k+1)} = \dfrac{1}{a_{ii}}\left(b_i - \sum\limits_{\substack{i=1 \\ j \neq 1}}^{n} a_{ij}x_j^{(k)}\right) \end{cases} \tag{5.3}$$

其中，$\boldsymbol{x}^{(k)}=\left(x_1^{(k)},x_2^{(k)},\cdots,x_n^{(k)}\right)^{\mathrm{T}}$ 为第 k 次迭代向量。

接下来考虑 Jacobi 迭代的矩阵形式。假设线性方程组的系数矩阵 $\boldsymbol{A}$ 为非奇异矩阵，且 $a_{ii}\neq 0(i=1,2,\cdots,n)$，将 $\boldsymbol{A}$ 分成以下三部分：

$$\boldsymbol{A}=\begin{bmatrix} a_{11} & & & \\ & a_{22} & & \\ & & \ddots & \\ & & & a_{nn} \end{bmatrix}-\begin{bmatrix} 0 & & & \\ -a_{21} & 0 & & \\ \vdots & \vdots & \ddots & \\ -a_{n1} & -a_{n2} & \cdots & 0 \end{bmatrix}-\begin{bmatrix} 0 & -a_{12} & \cdots & -a_{1n} \\ & 0 & \cdots & -a_{2n} \\ & & \ddots & \vdots \\ & & & 0 \end{bmatrix}\equiv \boldsymbol{D}-\boldsymbol{L}-\boldsymbol{U}$$

则 $\boldsymbol{Ax}=\boldsymbol{b}$ 等价于 $(\boldsymbol{D}-\boldsymbol{L}-\boldsymbol{U})\boldsymbol{x}=\boldsymbol{b}$。由此可得

$$\boldsymbol{Dx}=(\boldsymbol{L}+\boldsymbol{U})\boldsymbol{x}+\boldsymbol{b}$$

即

$$\begin{aligned}\boldsymbol{x}&=\boldsymbol{D}^{-1}(\boldsymbol{L}+\boldsymbol{U})\boldsymbol{x}+\boldsymbol{D}^{-1}\boldsymbol{b}\\&=(\boldsymbol{I}-\boldsymbol{D}^{-1}\boldsymbol{A})\boldsymbol{x}+\boldsymbol{D}^{-1}\boldsymbol{b}\\&=\boldsymbol{B}_{\mathrm{J}}\boldsymbol{x}+\boldsymbol{f}_{\mathrm{J}}\end{aligned}$$

得到 Jacobi 迭代法的迭代公式为

$$\boldsymbol{x}^{(k+1)}=\boldsymbol{B}_{\mathrm{J}}\boldsymbol{x}^{(k)}+\boldsymbol{f}_{\mathrm{J}} \tag{5.4}$$

其中，$\boldsymbol{B}_{\mathrm{J}}=\boldsymbol{I}-\boldsymbol{D}^{-1}\boldsymbol{A}=\boldsymbol{D}^{-1}(\boldsymbol{L}+\boldsymbol{U})$；$\boldsymbol{f}_{\mathrm{J}}=\boldsymbol{D}^{-1}\boldsymbol{b}$。

Jacobi 迭代法的思想比较简单，但并不总是收敛的，下面给出重要的收敛性定理。

定理 5.1 对于任意选取的初值向量 $\boldsymbol{x}^{(0)}$，Jacobi 迭代法式（5.4）收敛的充要条件是矩阵 $\boldsymbol{B}_{\mathrm{J}}$ 的谱半径 $\rho(\boldsymbol{B}_{\mathrm{J}})<1$。

证明：充分性。因为 $\rho(\boldsymbol{B}_{\mathrm{J}})<1$，也就是说 $\boldsymbol{B}_{\mathrm{J}}$ 的特征值为 $|\lambda_i|<1$，（$i=1,2,\cdots,n$），矩阵 $\boldsymbol{I}-\boldsymbol{B}_{\mathrm{J}}$ 的特征值为 $\delta_i=1-\lambda_i\neq 0$（$i=1,2,\cdots,n$），可以得到

$$\det(\boldsymbol{I}-\boldsymbol{B}_{\mathrm{J}})=\prod_{i=1}^{n}(1-\lambda_i)\neq 0$$

即 $\boldsymbol{I}-\boldsymbol{B}_{\mathrm{J}}$ 非奇异。所以，方程组 $(\boldsymbol{I}-\boldsymbol{B}_{\mathrm{J}})\boldsymbol{x}=\boldsymbol{f}_{\mathrm{J}}$ 有唯一解 $\boldsymbol{x}^*$。

设误差向量为

$$\boldsymbol{e}^{(k)}=\boldsymbol{x}^{(k)}-\boldsymbol{x}^* \tag{5.5}$$

可得

$$\boldsymbol{e}^{(k)}=\boldsymbol{x}^{(k)}-\boldsymbol{x}^*=\left(\boldsymbol{B}_{\mathrm{J}}\boldsymbol{x}^{(k-1)}+\boldsymbol{f}_{\mathrm{J}}\right)-\left(\boldsymbol{B}_{\mathrm{J}}\boldsymbol{x}^*+\boldsymbol{f}_{\mathrm{J}}\right)=\boldsymbol{B}_{\mathrm{J}}\left(\boldsymbol{x}^{(k-1)}-\boldsymbol{x}^*\right)=\boldsymbol{B}_{\mathrm{J}}\boldsymbol{e}^{(k-1)}$$

逐次递推得

$$e^{(k)} = B_J^k e^{(0)} \tag{5.6}$$

由 $\rho(B_J)<1$ 可得

$$\lim_{k\to\infty} B_J^k = 0$$

根据式（5.6），对于任意的初始向量 $x^{(0)}$ 和迭代向量 f_J 有

$$\lim_{k\to\infty} e^{(k)} = 0$$

即 $\lim\limits_{k\to\infty}\left(x^{(k)} - x^*\right)=0$， $\lim\limits_{k\to\infty} x^{(k)} = x^*$。

必要性。设对任意的初始向量 $x^{(0)}$ 和迭代向量 f_J 均有

$$\lim_{k\to\infty} x^{(k)} = x^*$$

根据式（5.2）、式（5.4）和式（5.5）容易得到

$$x^{(k)} - x^* = B_J^k\left(x^{(0)} - x^*\right)$$

对任意的初值 $x^{(0)}$ 均有

$$\lim_{k\to\infty} B_J^k\left(x^{(0)} - x^*\right)=0$$

可得 $\lim\limits_{k\to\infty} B_J^k = 0$。因为 A 为 n 阶方阵，所以有 $\rho(B_J)<1$。证毕。

迭代法的收敛性取决于 Jacobi 迭代矩阵 B_J 的谱半径，且 B_J 与初始向量 $x^{(0)}$ 和迭代向量 f_J 无关，仅依赖方程组的系数矩阵 A。迭代矩阵 B_J 的谱半径 $\rho(B_J)$ 越大，序列 $\left\{x^{(k)}\right\}$ 收敛得越慢。

当利用特征值上界性质 $\rho(B_J)<\|B_J\|$ 时，可以得到以下较弱的收敛结果：如果迭代公式（5.4）的迭代矩阵 B_J 的某一种算子范数 $\|B_J\|<1$，则有以下两种结果。

（1）对任意的初始向量 $x^{(0)}$，迭代法是收敛的。

（2）迭代序列与方程组的解 x^* 存在误差估计式：

$$\left\|x^* - x^{(k)}\right\| \leqslant \frac{\|B_J\|}{1-\|B_J\|}\left\|x^{(k)} - x^{(k-1)}\right\| \tag{5.7}$$

从而有

$$\left\|x^* - x^{(k)}\right\| \leqslant \frac{\|B_J\|^k}{1-\|B_J\|}\left\|x^{(1)} - x^{(0)}\right\| \tag{5.8}$$

证明：

（1）因为 $\rho(B_J)<\|B_J\|, \|B_J\|<1$, 即得到 $\rho(B_J)<\|B_J\|<1$，所以迭代法收敛。

（2）因为

$$\begin{aligned}\left\|\boldsymbol{x}^{(k)}-\boldsymbol{x}^{*}\right\| &= \left\|\left(\boldsymbol{x}^{(k+1)}-\boldsymbol{x}^{(k)}\right)+\left(\boldsymbol{x}^{*}-\boldsymbol{x}^{(k+1)}\right)\right\| \\ &= \left\|\boldsymbol{B}_{\mathrm{J}}\left(\boldsymbol{x}^{(k)}-\boldsymbol{x}^{(k-1)}\right)+\boldsymbol{B}_{\mathrm{J}}\left(\boldsymbol{x}^{*}-\boldsymbol{x}^{(k)}\right)\right\| \\ &\leqslant \left\|\boldsymbol{B}_{\mathrm{J}}\right\|\left(\left\|\boldsymbol{x}^{(k)}-\boldsymbol{x}^{(k-1)}\right\|+\left\|\boldsymbol{x}^{*}-\boldsymbol{x}^{(k)}\right\|\right)\end{aligned}$$

整理可得

$$\left\|\boldsymbol{x}^{*}-\boldsymbol{x}^{(k)}\right\| \leqslant \frac{\left\|\boldsymbol{B}_{\mathrm{J}}\right\|}{1-\left\|\boldsymbol{B}_{\mathrm{J}}\right\|}\left\|\boldsymbol{x}^{(k)}-\boldsymbol{x}^{(k-1)}\right\|$$

即式（5.7）。

由 $\boldsymbol{x}^{(k)}-\boldsymbol{x}^{(k-1)}=\boldsymbol{B}_{\mathrm{J}}\left(\boldsymbol{x}^{(k-1)}-\boldsymbol{x}^{(k-2)}\right)$ 可得

$$\left\|\boldsymbol{x}^{(k)}-\boldsymbol{x}^{(k-1)}\right\| \leqslant \left\|\boldsymbol{B}_{\mathrm{J}}\right\|\left\|\boldsymbol{x}^{(k-1)}-\boldsymbol{x}^{(k-2)}\right\| \leqslant \left\|\boldsymbol{B}_{\mathrm{J}}\right\|^{2}\left\|\boldsymbol{x}^{(k-2)}-\boldsymbol{x}^{(k-3)}\right\|$$

以此类推，可得

$$\left\|\boldsymbol{x}^{(k)}-\boldsymbol{x}^{(k-1)}\right\| \leqslant \left\|\boldsymbol{B}_{\mathrm{J}}\right\|^{k-1}\left\|\boldsymbol{x}^{(1)}-\boldsymbol{x}^{(0)}\right\| \tag{5.9}$$

将式（5.9）代入式（5.7）可得

$$\left\|\boldsymbol{x}^{*}-\boldsymbol{x}^{(k)}\right\| \leqslant \frac{\left\|\boldsymbol{B}_{\mathrm{J}}\right\|^{k}}{1-\left\|\boldsymbol{B}_{\mathrm{J}}\right\|}\left\|\boldsymbol{x}^{(1)}-\boldsymbol{x}^{(0)}\right\|$$

即式（5.8）。证毕。

2）算法步骤

（1）给定初始向量 $\boldsymbol{x}^{(0)}=\left(x_1^{(0)},x_2^{(0)},\cdots,x_n^{(0)}\right)^{\mathrm{T}}$，$N$ 为最大迭代次数，容许误差为 ε，$k=0$。

（2）对 $i=1,2,\cdots,n$，计算 $x_i^{(k+1)}=\dfrac{1}{a_{ii}}\left(b_i-\sum\limits_{\substack{i=1\\ j\neq 1}}^{n}a_{ij}x_j^{(k)}\right)$。

（3）若 $\sum\limits_{i=1}^{n}\left|x_i^{(k+1)}-x_i^{(k)}\right|<\varepsilon$，则输出 $x_i^{(k+1)}$，结束；否则，执行步骤（4）。

（4）若 $k\geqslant N$，则不收敛，结束；否则，令 $k=k+1$，执行步骤（2）。

3）算法实现

例 5.1 求解线性方程组 $\boldsymbol{Ax}=\boldsymbol{b}$，选取初始点 $\boldsymbol{x}_0$ 进行求解。其中

$$\boldsymbol{A}=\begin{pmatrix}8 & -3 & 2\\ 4 & 11 & -1\\ 6 & 3 & 12\end{pmatrix},\ \boldsymbol{b}=\begin{pmatrix}20\\ 33\\ 36\end{pmatrix},\ \boldsymbol{x}=\begin{pmatrix}x_1\\ x_2\\ x_3\end{pmatrix},\ \boldsymbol{x}_0=\begin{pmatrix}1\\ 1\\ 1\end{pmatrix}$$

该方程的精确解为 $\boldsymbol{x}=\begin{pmatrix}3 & 2 & 1\end{pmatrix}^{\mathrm{T}}$ 。

用 Jacobi 迭代法求解的程序代码如下：

```
import numpy as np
def d_lu(A):
    if np.linalg.det(A) != 0:
        U = -np.triu(A, 1)  #矩阵上三角部分值
        L = -np.tril(A, -1) #矩阵下三角部分值
        D = np.diag(np.diag(A))  #矩阵对角线值
        return D,L,U
    else:
        print("请重新输入系数矩阵！")
def jacobi(A,x0,b,Max):  #A 为系数矩阵，x0 为初始值，b 为右端项，Max 为最大迭代次数
    xk = x0
    D1,L1,U1 = d_lu(A)
    B = np.dot(np.linalg.inv(D1), (L1 + U1))
    d = np.dot(np.linalg.inv(D1), b)
    for i in range(Max):
        xk = np.dot(B, xk) + d
    return xk.T

A=[[8,-3,2],[4,11,-1],[6,3,12]]
# A=np.array(A)
x0=[[1],[1],[1]]
# x0=np.array(x0)
b=[[20],[33],[36]]
# b=np.array(b)
Max=10
xk= jacobi(A,x0,b,Max)
# xk=xk.T
print("通过 Jacobi 迭代法经过{}次迭代求得该方程解为{}，".format(Max,xk))
```

输出结果如下：

```
通过 Jacobi 迭代法经过 10 次迭代求得该方程解为[[3.00001658 1.9999132  0.99992832]]
```

2．Gauss-Seidel 迭代法

1）基本原理

Jacobi 迭代法在计算 $\boldsymbol{x}^{(k+1)}$ 的过程中是全部使用 $\boldsymbol{x}^{(k)}$ 的分量来计算的。即在计算 $k+1$ 层的 $x_i^{(k+1)}$ 时，全部用第 k 层的迭代值计算，而此时虽然得到了 $k+1$ 层的 $x_1^{(k+1)},x_2^{(k+1)},\cdots,x_{i-1}^{(k+1)}$ 的值但并没有用。Gauss-Seidel 迭代法的基本思想就是在计算 $k+1$ 层的 $x_i^{(k+1)}$ 时，充分利用这些最新计算出的分量 $x_1^{(k+1)},x_2^{(k+1)},\cdots,x_{i-1}^{(k+1)}$ 。

对于方程组（5.1），令初始向量为 $\boldsymbol{x}^{(0)}=\left(x_1^{(0)},x_2^{(0)},\cdots,x_n^{(0)}\right)^{\mathrm{T}}$，Gauss-Seidel 迭代公式为

$$\begin{cases} x_1^{(k+1)}=\dfrac{1}{a_{11}}\left(b_1-a_{12}x_2^{(k)}-a_{13}x_3^{(k)}-\cdots-a_{1n}x_n^{(k)}\right) \\ x_2^{(k+1)}=\dfrac{1}{a_{22}}\left(b_2-a_{21}x_1^{(k+1)}-a_{23}x_3^{(k)}-\cdots-a_{2n}x_n^{(k)}\right) \\ \qquad\vdots \\ x_n^{(k+1)}=\dfrac{1}{a_{nn}}\left(b_n-a_{n1}x_1^{(k+1)}-a_{n2}x_2^{(k+1)}-\cdots-a_{n,n-1}x_{n-1}^{(k+1)}\right) \end{cases}$$

可简写为

$$x_i^{(k+1)}=\frac{1}{a_{ii}}\left(b_i-\sum_{j=1}^{i-1}a_{ij}x_j^{(k+1)}-\sum_{j=i+1}^{n}a_{ij}x_j^{(k)}\right),\quad i=1,2,\cdots,n \tag{5.10}$$

下面考虑 Gauss-Seidel 迭代矩阵形式。仍然将非奇异矩阵 $\boldsymbol{A}$ 分解为 $\boldsymbol{A}=\boldsymbol{D}-\boldsymbol{L}-\boldsymbol{U}$，则 $\boldsymbol{Ax}=\boldsymbol{b}$ 等价于 $(\boldsymbol{D}-\boldsymbol{L})\boldsymbol{x}=\boldsymbol{Ux}+\boldsymbol{b}$，可以构造以下迭代格式：

$$(\boldsymbol{D}-\boldsymbol{L})\boldsymbol{x}^{(k+1)}=\boldsymbol{Ux}^{(k)}+\boldsymbol{b}$$

即

$$\boldsymbol{x}^{(k+1)}=(\boldsymbol{D}-\boldsymbol{L})^{-1}\boldsymbol{Ux}^{(k)}+(\boldsymbol{D}-\boldsymbol{L})^{-1}\boldsymbol{b}=\boldsymbol{B}_{\mathrm{G}}\boldsymbol{x}^{(k)}+\boldsymbol{f}_{\mathrm{G}}$$

得到 Gauss-Seidel 迭代公式为

$$\boldsymbol{x}^{(k+1)}=\boldsymbol{B}_{\mathrm{G}}\boldsymbol{x}^{(k)}+\boldsymbol{f}_{\mathrm{G}} \tag{5.11}$$

其中，$\boldsymbol{B}_{\mathrm{G}}=(\boldsymbol{D}-\boldsymbol{L})^{-1}\boldsymbol{U}$； $\boldsymbol{f}=(\boldsymbol{D}-\boldsymbol{L})^{-1}\boldsymbol{b}$。

Gauss-Seidel 迭代法可以看成是 Jacobi 迭代法的改进，它们都属于简单迭代法。Gauss-Seidel 迭代法的收敛性与 Jacobi 迭代法的收敛性类似，即对于任意选取的初始向量 $\boldsymbol{x}^{(0)}$，Gauss-Seidel 迭代公式（5.11）收敛的充要条件是矩阵 $\boldsymbol{B}_{\mathrm{G}}$ 的谱半径 $\rho(\boldsymbol{B}_{\mathrm{G}})<1$。相应地，当利用特征值上界性质 $\rho(\boldsymbol{B}_{\mathrm{G}})<\|\boldsymbol{B}_{\mathrm{G}}\|$ 时，可以得到关于 Gauss-Seidel 迭代法的收敛性较弱的结果。

若迭代公式（5.11）中的迭代矩阵 $\boldsymbol{B}_{\mathrm{G}}$ 的某一种算子范数 $\|\boldsymbol{B}_{\mathrm{G}}\|<1$，则有以下两种结果。

（1）对任意的初始向量 $\boldsymbol{x}^{(0)}$，迭代法是收敛的。

（2）迭代序列与方程组的解 $\boldsymbol{x}^*$ 存在误差估计式：

$$\left\|\boldsymbol{x}^*-\boldsymbol{x}^{(k)}\right\|\leqslant\frac{\|\boldsymbol{B}_{\mathrm{G}}\|}{1-\|\boldsymbol{B}_{\mathrm{G}}\|}\left\|\boldsymbol{x}^{(k)}-\boldsymbol{x}^{(k-1)}\right\| \tag{5.12}$$

从而有

$$\left\|x^*-x^{(k)}\right\| \leqslant \frac{\left\|B_G\right\|^k}{1-\left\|B_G\right\|}\left\|x^{(1)}-x^{(0)}\right\| \tag{5.13}$$

设 Jacobi 迭代矩阵 $\boldsymbol{B}_J=\boldsymbol{I}-\boldsymbol{D}^{-1}\boldsymbol{A}$ 为非负矩阵，下列关系有且仅有一个成立。

（1）$0<\rho(\boldsymbol{B}_G)<\rho(\boldsymbol{B}_J)<1$。

（2）$1<\rho(\boldsymbol{B}_J)<\rho(\boldsymbol{B}_G)$。

（3）$\rho(\boldsymbol{B}_J)=\rho(\boldsymbol{B}_G)=0$。

（4）$\rho(\boldsymbol{B}_J)=\rho(\boldsymbol{B}_G)=1$。

也就是说，当 Jacobi 迭代矩阵 $\boldsymbol{B}_J=\boldsymbol{I}-\boldsymbol{D}^{-1}\boldsymbol{A}$ 为非负矩阵时，Jacobi 迭代法和 Gauss-Seidel 迭代法是同时收敛或发散的。当同时收敛时，Jacobi 迭代法的收敛速度比 Gauss-Seidel 迭代法的收敛速度要慢。

2）算法步骤

（1）给定初始向量 $\boldsymbol{x}^{(0)}=\left(x_1^{(0)},x_2^{(0)},\cdots,x_n^{(0)}\right)^{\mathrm{T}}$，$N$ 为最大迭代次数，ε 为容许误差，$k=0$。

（2）计算 $x_i^{(k+1)}=\dfrac{1}{a_{ii}}\left(b_i-\sum\limits_{j=1}^{i-1}a_{ij}x_j^{(k+1)}-\sum\limits_{j=i+1}^{n}a_{ij}x_j^{(k)}\right)$，$i=1,2,\cdots,n,$。

（3）若 $\sum\limits_{i=1}^{n}\left|x_i^{(k+1)}-x_i^{(k)}\right|<\varepsilon$，则输出 $x_i^{(k+1)}$，结束；否则，执行步骤（4）。

（4）若 $k\geqslant N$，则不收敛，结束；否则，令 $k=k+1$，执行步骤（2）。

由于 Gauss-Seidel 迭代法是对 Jacobi 迭代法的改进，在很多情况下，它与 Jacobi 迭代法都适用于求解大型稀疏线性方程组，但它利用了刚刚迭代出的 $x_1^{(k+1)},x_2^{(k+1)},\cdots,x_{i-1}^{(k+1)}$ 的值，比 Jacobi 迭代法的收敛性更精确一些。此外，当系数矩阵 $\boldsymbol{A}$ 严格对角占优时，Jacobi 迭代法和 Gauss-Seidel 迭代法都收敛。当系数矩阵 $\boldsymbol{A}$ 对称正定时，Gauss-Seidel 迭代法收敛；Jacobi 迭代法收敛的充要条件是，$\boldsymbol{A}$ 和 $2\boldsymbol{D}-\boldsymbol{A}$ 是对称正定矩阵。

3）算法实现

求解例 5.1 的 Gauss-Seidel 迭代法的程序代码如下：

```
import numpy as np
def d_lu(A):
    if np.linalg.det(A) != 0:
        U = -np.triu(A, 1)  #矩阵上三角部分值
        L = -np.tril(A, -1) #矩阵下三角部分值
        D = np.diag(np.diag(A))  #矩阵对角线值
        return D,L,U
    else:
```

```
        print("请重新输入系数矩阵！")

def gauss(A,x0,b,Max): #A为系数矩阵，x0为初始值，b为右端项，Max为最大迭代次数
    xk = x0
    D1,L1,U1 = d_lu(A)
    B = np.dot(np.linalg.inv(D1-L1),U1)
    d = np.dot(np.linalg.inv(D1-L1), b)
    for i in range(Max):
        xk = np.dot(B, xk) + d
    return xk.T

A=[[8,-3,2],[4,11,-1],[6,3,12]]
x0=[[1],[1],[1]]
b=[[20],[33],[36]]
Max=5
xk = gauss(A,x0,b,Max)
xk = np.around(xk,decimals=5)
print("通过Guass-Seidel迭代法经过{}次迭代求得该方程解为{},".format(Max,xk))
```

输出结果如下：

```
通过Guass-Seidel迭代法经过5次迭代求得该方程解为[[2.99993 2.00005 1.00002]]
```

3. SOR 方法

1）基本原理

Gauss-Seidel 迭代法有时收敛得慢会导致计算量变大。为了获得更好的收敛效果，可以尝试对 Gauss-Seidel 迭代解进行修正，使其与上一层解的加权平均作为新的解，这就是 SOR 方法的基本思想。

先由 Gauss-Seidel 迭代法得到

$$\tilde{x}_i^{(k+1)}=\frac{1}{a_{ii}}\left(b_i-\sum_{j=1}^{i-1}a_{ij}x_j^{(k+1)}-\sum_{j=i+1}^{n}a_{ij}x_j^{(k)}\right),\quad i=1,2,\cdots,n$$

再把 $x_i^{(k+1)}$ 取为 $x_i^{(k)}$ 与 $\tilde{x}_i^{(k+1)}$ 的加权平均，引入松弛因子 ω，得

$$x_i^{(k+1)}=(1-\omega)x_i^{(k)}+\omega\tilde{x}_i^{(k+1)},\quad i=1,2,\cdots,n$$

这样就得到 SOR 方法的计算公式：

$$\begin{cases}\boldsymbol{x}^{(k)}=\left(x_1^{(k)},x_2^{(k)},\cdots,x_n^{(k)}\right)^{\mathrm{T}},\quad k=0,1,2,\cdots\\ x_i^{(k+1)}=(1-\omega)x_i^{(k)}+\dfrac{\omega}{a_{ii}}\left(b_i-\sum_{j=1}^{i-1}a_{ij}x_j^{(k+1)}-\sum_{j=i+1}^{n}a_{ij}x_j^{(k)}\right),\quad i=1,2,\cdots,n\end{cases}\tag{5.14}$$

式（5.14）可以写成

$$a_{ii}x_i^{(k+1)} = (1-\omega)a_{ii}x_i^{(k)} + \omega\left(b_i - \sum_{j=1}^{i-1} a_{ij}x_j^{(k+1)} - \sum_{j=i+1}^{n} a_{ij}x_j^{(k)}\right),\ i = 1,2,\cdots,n$$

下面考虑 SOR 迭代的矩阵形式。由 $\boldsymbol{A} = \boldsymbol{D} - \boldsymbol{L} - \boldsymbol{U} = \frac{1}{\omega}(\boldsymbol{D} - \omega\boldsymbol{L}) - \frac{1}{\omega}[(1-\omega\boldsymbol{D}) + \omega\boldsymbol{U}]$ 得到 $\boldsymbol{Ax} = \boldsymbol{b}$ 的一种等价变形：

$$\frac{1}{\omega}(\boldsymbol{D} - \omega\boldsymbol{L})\boldsymbol{x} = \frac{1}{\omega}[(1-\omega\boldsymbol{D}) + \omega\boldsymbol{U}]\boldsymbol{x} + \boldsymbol{b}$$

则可以构造以下迭代格式：

$$(\boldsymbol{D} - \omega\boldsymbol{L})\boldsymbol{x}^{(k+1)} = [(1-\omega)\boldsymbol{D} + \omega\boldsymbol{U}]\boldsymbol{x}^{(k)} + \omega\boldsymbol{b}$$

得到 SOR 迭代公式：

$$\boldsymbol{x}^{(k+1)} = \boldsymbol{B}_\omega\boldsymbol{x}^{(k)} + \boldsymbol{f} \tag{5.15}$$

其中，$\boldsymbol{B}_\omega = (\boldsymbol{D} - \omega\boldsymbol{L})^{-1}[(1-\omega)\boldsymbol{D} + \omega\boldsymbol{U}]$；$\boldsymbol{f} = \omega(\boldsymbol{D} - \omega\boldsymbol{L})^{-1}\boldsymbol{b}$。

显然，$\omega = 1$ 的 SOR 迭代就是 Gauss-Seidel 迭代。松弛因子的选取对 SOR 迭代法的收敛性至关重要。下面给出两个相关定理。

定理 5.2 若解线性方程组（5.1）的 SOR 方法收敛，则有 $0 < \omega < 2$。

证明：设 SOR 方法收敛，则根据迭代法收敛的充要条件可得 $\rho(\boldsymbol{B}_\omega) < 1$。设 $\boldsymbol{B}_\omega$ 的特征值为 $\lambda_1, \lambda_2, \cdots, \lambda_n$，则有

$$|\det \boldsymbol{B}_\omega| = |\lambda_1\lambda_2\cdots\lambda_n| \leqslant \left[\max_i |\lambda_i|\right]^n = [\rho(\boldsymbol{B}_\omega)]^n$$

即

$$|\det \boldsymbol{B}_\omega|^{\frac{1}{n}} \leqslant \rho(\boldsymbol{B}_\omega) < 1$$

另外

$$\det \boldsymbol{B}_\omega = \det\left[(\boldsymbol{D} - \omega\boldsymbol{L})^{-1}\right]\det[(1-\omega)\boldsymbol{D} + \omega\boldsymbol{U}] = (1-\omega)^n$$

即

$$|\det \boldsymbol{B}_\omega|^{\frac{1}{n}} = |1-\omega| \leqslant \rho(\boldsymbol{B}_\omega) < 1$$

解得 $0 < \omega < 2$，证毕。

定理 5.3 若线性方程组 $\boldsymbol{Ax} = \boldsymbol{b}$ 中 $\boldsymbol{A}$ 为对称正定矩阵且 $0 < \omega < 2$，则 SOR 方法收敛。

证明：设 λ 是矩阵 $\boldsymbol{B}_\omega$ 的特征值，$\boldsymbol{q}$ 是矩阵 $\boldsymbol{B}_\omega$ 的特征向量，可得

$$\boldsymbol{B}_\omega\boldsymbol{q} = \lambda\boldsymbol{q}$$

将 $\boldsymbol{B}_{\omega}$ 代入得

$$(\boldsymbol{D}-\omega\boldsymbol{L})^{-1}\left[(1-\omega)\boldsymbol{D}+\omega\boldsymbol{U}\right]\boldsymbol{q}=\lambda\boldsymbol{q}$$

即

$$\left[(1-\omega)\boldsymbol{D}+\omega\boldsymbol{U}\right]\boldsymbol{q}=\lambda(\boldsymbol{D}-\omega\boldsymbol{L})\boldsymbol{q}$$

两边同时对 $\boldsymbol{q}$ 做内积，可得

$$\left(\left[(1-\omega)\boldsymbol{D}+\omega\boldsymbol{U}\right]\boldsymbol{q},\boldsymbol{q}\right)=\lambda\left((\boldsymbol{D}-\omega\boldsymbol{L})\boldsymbol{q},\boldsymbol{q}\right)$$

求解 λ 得

$$\lambda=\frac{(\boldsymbol{Dq},\boldsymbol{q})-\omega(\boldsymbol{Dq},\boldsymbol{q})+\omega(\boldsymbol{Uq},\boldsymbol{q})}{(\boldsymbol{Dq},\boldsymbol{q})-\omega(\boldsymbol{Lq},\boldsymbol{q})}$$

显然，

$$(\boldsymbol{Dq},\boldsymbol{q})=\sum_{i=1}^{n}a_{ii}\left|q_i\right|^2\equiv\delta>0 \tag{5.16}$$

设

$$-(\boldsymbol{Lq},\boldsymbol{q})=\alpha+i\beta$$

因为 $\boldsymbol{A}$ 是对称正定矩阵，则有 $\boldsymbol{A}=\boldsymbol{A}^{\mathrm{T}}$，所以 $\boldsymbol{U}=\boldsymbol{L}^{\mathrm{T}}$，

$$-(\boldsymbol{Uq},\boldsymbol{q})=-(\boldsymbol{q},\boldsymbol{Lq})=-\overline{(\boldsymbol{Lq},\boldsymbol{q})}=\alpha-i\beta$$

$$0<(\boldsymbol{Aq},\boldsymbol{q})=(\boldsymbol{D}-\boldsymbol{L}-\boldsymbol{Uq},\boldsymbol{q})=\delta+2\alpha \tag{5.17}$$

解得

$$\lambda=\frac{(\delta-\omega\delta-\alpha\omega)+i\omega\beta}{(\delta+\alpha\omega)+i\omega\beta}$$

则有

$$|\lambda|^2=\frac{(\delta-\omega\delta-\alpha\omega)^2+\omega^2\beta^2}{(\delta+\alpha\omega)^2+\omega^2\beta^2}$$

当 $0<\omega<2$ 时，由式（5.16）和式（5.17）可得

$$(\delta-\omega\delta-\alpha\omega)^2-(\delta+\alpha\omega)^2=\omega\delta(\delta+2\alpha)(\omega-2)<0$$

即证得 $\boldsymbol{B}_{\omega}$ 的任一特征值满足 $|\lambda|<1$，则 SOR 方法收敛。证毕。

2）算法步骤

$|r_0|=\max\limits_{1\leqslant i\leqslant n}|\Delta x_i|=\max\limits_{1\leqslant i\leqslant n}\left|x_i^{(k+1)}-x_i^{(k)}\right|<\varepsilon$ 作为精度要求，控制迭代的结束，算法步骤如下。

（1）给定初始向量$\boldsymbol{x}^{(0)}=\left(x_1^{(0)},x_2^{(0)},\cdots,x_n^{(0)}\right)^{\mathrm{T}}$，$\omega$为最佳松弛因子，$N$为最大迭代次数，$\varepsilon$为容许误差，$k$为迭代次数且初始值$k=0$。

（2）对$i=1,2,\cdots,n$，有以下 3 种情况。

① 计算$r \leftarrow \Delta x_i = \dfrac{\omega}{a_{ii}}\left(b_i - \sum_{j=1}^{i-1} a_{ij}x_j - \sum_{j=i+1}^{n} a_{ij}x_j\right)$。

② 若$|r|>|r_0|$，则$r_0 \leftarrow r$。

③ $x_i \leftarrow x_i + r$。

（3）输出r_0。若$|r_0|>\varepsilon$，则令$k=k+1$，执行步骤（2）；否则结束，输出x_i。

3）算法实现

用 SOR 方法求解例 5.1 的程序代码如下：

```
import numpy as np
def d_lu(A):
    if np.linalg.det(A) != 0:
        U = -np.triu(A, 1)          #矩阵上三角部分值
        L = -np.tril(A, -1)         #矩阵下三角部分值
        D = np.diag(np.diag(A))     #矩阵对角线值
        return D,L,U
    else:
        print("请重新输入系数矩阵！")

def sor(A,x0,b,w,error,Max):      #其中 k 为迭代次数
    xk = x0
    xk1 = 0
    k = 0
    D1, L1, U1 = d_lu(A)
    L = np.dot(np.linalg.inv(D1-w*L1),(1-w)*D1+w*U1)
    f = w*np.dot(np.linalg.inv(D1-w*L1),b)
    while True:
        k +=1
        xk1 = np.dot(L,xk)+f
        xk2 =xk1-xk
        if np.linalg.norm(xk2) < error:
            return xk1,k
        if k == Max:
            exit()
        xk = xk1

A=[[8,-3,2],[4,11,-1],[6,3,12]]
```

```
x0=[[1],[1],[1]]
b=[[20],[33],[36]]
Max=100
w=1.2
error=0.0000001
x,k=sor(A,x0,b,w,error,Max)
print("通过 SOR 方法经过{}次迭代求得该方程解为{}, ".format(k,x.T))
```

输出结果如下：

```
通过 SOR 方法经过 16 次迭代求得该方程解为[[3.00000003 1.99999998 1.        ]],
```

总结 Jacobi 迭代法、Gauss-Seidel 迭代法、SOR 方法的迭代公式，如表 5.1 所示。

表 5.1　各种迭代法的迭代公式

迭代法	迭代公式	收敛条件
Jacobi 迭代法	$\boldsymbol{x}^{(k+1)}=\boldsymbol{B}_{\mathrm{J}}\boldsymbol{x}^{(k)}+\boldsymbol{f}_{\mathrm{J}}$ 其中，$\boldsymbol{B}_{\mathrm{J}}=\boldsymbol{I}-\boldsymbol{D}^{-1}\boldsymbol{A}=\boldsymbol{D}^{-1}(\boldsymbol{L}+\boldsymbol{U})$；$\boldsymbol{f}_{\mathrm{J}}=\boldsymbol{D}^{-1}\boldsymbol{b}$	$\rho(\boldsymbol{B}_{\mathrm{J}})<1$
Gauss-Seidel 迭代法	$\boldsymbol{x}^{(k+1)}=\boldsymbol{B}_{\mathrm{G}}\boldsymbol{x}^{(k)}+\boldsymbol{f}_{\mathrm{G}}$ 其中， $\boldsymbol{B}_{\mathrm{G}}=\boldsymbol{I}-(\boldsymbol{D}-\boldsymbol{L})^{-1}\boldsymbol{A}=(\boldsymbol{D}-\boldsymbol{L})^{-1}\boldsymbol{U}$；$\boldsymbol{f}_{\mathrm{G}}=(\boldsymbol{D}-\boldsymbol{L})^{-1}\boldsymbol{b}$	$\rho(\boldsymbol{B}_{\mathrm{G}})<1$
SOR 方法	$\boldsymbol{x}^{(k+1)}=(\boldsymbol{D}-\omega\boldsymbol{L})^{-1}\left[(1-\omega)\boldsymbol{D}+\omega\boldsymbol{U}\right]\boldsymbol{x}^{(k)}+\omega(\boldsymbol{D}-\omega\boldsymbol{L})^{-1}\boldsymbol{b}$	$0<\omega<2$

4. 最速下降法

1）基本原理

首先定义二次函数

$$\varphi(\boldsymbol{x})=\frac{1}{2}(\boldsymbol{A}\boldsymbol{x},\boldsymbol{x})-(\boldsymbol{b},\boldsymbol{x})=\frac{1}{2}\sum_{i=1}^{n}\sum_{j=1}^{n}a_{ij}x_ix_j-\sum_{i=1}^{n}b_ix_i$$

则有下面的重要定理。

定理 5.4 设矩阵 $\boldsymbol{A}$ 对称正定，$\boldsymbol{x}^*$ 为 $\boldsymbol{A}\boldsymbol{x}=\boldsymbol{b}$ 的解的充要条件是

$$\varphi(\boldsymbol{x}^*)=\min_{\boldsymbol{x}}\varphi(\boldsymbol{x})$$

也就是说，当矩阵 $\boldsymbol{A}$ 对称正定时，式（5.1）的求解问题可以转化为求 $\varphi(\boldsymbol{x})$ 的最小值问题。

迭代的基本思想是，从 $\boldsymbol{x}^{(0)}$ 出发，找到一个方向 $\boldsymbol{p}^{(0)}$，令 $\boldsymbol{x}^{(1)}=\boldsymbol{x}^{(0)}+\alpha\boldsymbol{p}^{(0)}$，使 $\boldsymbol{x}^{(1)}$ 在这个方向上达到最小，即 $\varphi\left(\boldsymbol{x}^{(1)}\right)=\min\varphi\left(\boldsymbol{x}^{(0)}+\alpha\boldsymbol{p}^{(0)}\right)$。对 $\boldsymbol{x}^{(1)}$ 再找新的方向，依次进行下去。一般地，令 $\boldsymbol{x}^{(k+1)}=\boldsymbol{x}^{(k)}+\alpha_k\boldsymbol{p}^{(k)}$，使 $\varphi\left(\boldsymbol{x}^{(k+1)}\right)=\min\varphi\left(\boldsymbol{x}^{(k)}+\alpha\boldsymbol{p}^{(k)}\right)$。

在方向 $\boldsymbol{p}^{(k)}$ 上对步长因子 α_k 的求解，就涉及一元函数的极小值问题，求导等于 0 即

可。由

$$\varphi\left(\boldsymbol{x}^{(k)}+\alpha\boldsymbol{p}^{(k)}\right)=\varphi\left(\boldsymbol{x}^{(k)}\right)+\alpha\left(\boldsymbol{A}\boldsymbol{x}^{(k)}-\boldsymbol{b},\boldsymbol{p}^{(k)}\right)+\frac{\alpha^2}{2}\left(\boldsymbol{A}\boldsymbol{p}^{(k)},\boldsymbol{p}^{(k)}\right)$$

$$\frac{\mathrm{d}\varphi\left(\boldsymbol{x}^{(k)}+\alpha\boldsymbol{p}^{(k)}\right)}{\mathrm{d}\alpha}=\left(\boldsymbol{A}\boldsymbol{x}^{(k)}-\boldsymbol{b},\boldsymbol{p}^{(k)}\right)+\alpha\left(\boldsymbol{A}\boldsymbol{p}^{(k)},\boldsymbol{p}^{(k)}\right)=0$$

得

$$\alpha_k=-\frac{\left(\boldsymbol{A}\boldsymbol{x}^{(k)}-\boldsymbol{b},\boldsymbol{p}^{(k)}\right)}{\left(\boldsymbol{A}\boldsymbol{p}^{(k)},\boldsymbol{p}^{(k)}\right)} \tag{5.18}$$

所谓最速下降法就是保证 $\varphi(\boldsymbol{x})$ 在 $\boldsymbol{x}^{(k)}$ 处沿 $\boldsymbol{p}^{(k)}$ 下降最快，而实际上 $\varphi(\boldsymbol{x})$ 沿其负梯度方向下降最快，所以取

$$\boldsymbol{p}^{(k)}=-\nabla\varphi(\boldsymbol{x}^{(k)})=\boldsymbol{b}-\boldsymbol{A}\boldsymbol{x}^{(k)}$$

最速下降法可用于求解无约束优化问题，它有着工作量少、存储变量较少、初始点要求不高的优点；同时，该方法只能保证局部最优，并不能保证整体最优，所以速度较慢。

2）算法步骤

（1）给定初始向量 $\boldsymbol{x}^{(0)}=\left(x_1^{(0)},x_2^{(0)},\cdots,x_n^{(0)}\right)^{\mathrm{T}}$ 和容许误差 ε 。

（2）对 $i=1,2,\cdots,n$ ，计算 $\boldsymbol{r}^{(k)}=\boldsymbol{b}-\boldsymbol{A}\boldsymbol{x}^{(k)}$，若 $\left\|\boldsymbol{r}^{(k)}\right\|\leqslant\varepsilon$，则结束；否则，执行步骤（3）。

（3）计算。

①计算步长因子

$$\lambda_k=-\frac{\left(\boldsymbol{r}^{(k)},\boldsymbol{r}^{(k)}\right)}{\left(\boldsymbol{r}^{(k)},\boldsymbol{A}\boldsymbol{r}^{(k)}\right)}$$

②计算 $\boldsymbol{x}^{(k+1)}=\boldsymbol{x}^{(k)}+\lambda_k\boldsymbol{r}^{(k)}$，执行步骤（2）。

3）算法实现

例 5.2 求解线性方程组 $\boldsymbol{A}\boldsymbol{x}=\boldsymbol{b}$ ，选取初始点 $\boldsymbol{x}_0$ 进行求解，其中

$$\boldsymbol{A}=\begin{pmatrix}4&-2&4&2\\-2&10&-2&-7\\4&-2&8&4\\2&-7&4&7\end{pmatrix};\quad \boldsymbol{b}=\begin{pmatrix}8\\2\\16\\6\end{pmatrix};\quad \boldsymbol{x}_0=\begin{pmatrix}0\\0\\0\\0\end{pmatrix}$$

用最速下降法求解的程序代码如下：

```
import numpy as np
def steepest(A, b, x0):
    k = 0
    esp=0.00001   #设置误差
    r0 = b - np.dot(A, x0)
    while np.linalg.norm(r0)>esp:    #利用 r0 的二范数来判断迭代终止
        k=k+1
        alpha=np.dot(r0.T,r0)/np.dot(r0.T,np.dot(A,r0))
        x1=x0+alpha*r0
        r0=b-np.dot(A,x1)
        x0=x1
    return x0, k  # 输出解与迭代次数

A=np.array([[4,-2,4,2],[-2,10,-2,-7],[4,-2,8,4],[2,-7,4,7]])
x0=np.array([[0],[0],[0],[0]])
b=np.array([[8],[2],[16],[6]])
x,k=steepest(A,b,x0)
print(x.T,k)
```

输出结果如下：

```
[[0.9999437 1.99999343 1.000006   1.99999043]] 222
```

5. 共轭梯度法

1）基本原理

共轭梯度法是求解正定对称线性方程组最有效的方法之一，它的基本思想是将共轭性和最速下降法结合在一起，利用迭代点的梯度方向来构造共轭方向，并按这个方向计算，求得方程组解的最小值。

取 $\boldsymbol{r}^{(0)}=\boldsymbol{b}-\boldsymbol{A}\boldsymbol{x}^{(0)}$，$\boldsymbol{s}^{(0)}=\boldsymbol{r}^{(0)}$，由 $\boldsymbol{r}^{(k)}=\boldsymbol{b}-\boldsymbol{A}\boldsymbol{x}^{(k)}$ 及式（5.18）得

$$\alpha_k=\frac{\left(\boldsymbol{r}^{(k)},\boldsymbol{s}^{(k)}\right)}{\left(\boldsymbol{A}\boldsymbol{s}^{(k)},\boldsymbol{s}^{(k)}\right)}$$

对于共轭梯度法中向量组 $\left\{\boldsymbol{s}^{(0)},\boldsymbol{s}^{(1)},\cdots\right\}$ 的选择，令 $\boldsymbol{s}^{(0)}=\boldsymbol{r}^{(0)}$，$\boldsymbol{s}^{(k)}$ 选为 $\boldsymbol{s}^{(0)},\boldsymbol{s}^{(1)},\cdots,\boldsymbol{s}^{(k-1)}$ 的 $\boldsymbol{A}$ 共轭，设它为 $\boldsymbol{r}^{(k)}$ 与 $\boldsymbol{s}^{(k-1)}$ 的线性组合，即

$$\boldsymbol{s}^{(k)}=\boldsymbol{r}^{(k)}+\beta_{k-1}\boldsymbol{s}^{(k-1)}$$

根据 $\boldsymbol{A}$ 共轭性，即 $\left(\boldsymbol{A}\boldsymbol{s}^{(k)},\boldsymbol{s}^{(k-1)}\right)=0$ 得

$$\beta_{k-1}=-\frac{\left(\boldsymbol{r}^{(k)},\boldsymbol{A}\boldsymbol{s}^{(k-1)}\right)}{\left(\boldsymbol{s}^{(k-1)},\boldsymbol{A}\boldsymbol{s}^{(k-1)}\right)}$$

由以上式子可以得到$\alpha_0,\boldsymbol{x}^{(1)},\beta_0$，$\boldsymbol{s}^{(1)}$，从而得到序列$\left\{\boldsymbol{x}^{(k)}\right\}$。

由于$\boldsymbol{r}^{(k)}$是互相正交的，所以在$\boldsymbol{r}^{(0)},\boldsymbol{r}^{(1)},\cdots,\boldsymbol{r}^{(n)}$中至少有一个零向量。在舍入误差存在的情况下很难保证$\boldsymbol{r}^{(k)}$的正交性。另外，若n很大，则实际计算的步长$k \ll n$，即可以在不用计算n步的情况下达到精度要求。另外，当$\boldsymbol{A}$的条件数很大时，共轭梯度法的收敛速度可能较慢。

2）算法步骤

（1）计算$\boldsymbol{r}^{(0)}=\boldsymbol{b}-\boldsymbol{A}\boldsymbol{x}^{(0)}$，选取$\boldsymbol{s}^{(0)}=\boldsymbol{r}^{(0)}$，置$k=0$。

（2）计算参数$\alpha_k=\dfrac{\left(\boldsymbol{r}^{(k)},\boldsymbol{r}^{(k)}\right)}{\left(\boldsymbol{s}^{(k)},\boldsymbol{A}\boldsymbol{s}^{(k)}\right)}$，$\boldsymbol{x}^{(k+1)}=\boldsymbol{x}^{(k)}+\alpha_k\boldsymbol{s}^{(k)}$，若$\boldsymbol{x}^{(k)}$满足精度要求，则结束；否则，执行步骤（3）。

（3）计算$\beta_k=\dfrac{\left(\boldsymbol{r}^{(k+1)},\boldsymbol{r}^{(k+1)}\right)}{\left(\boldsymbol{r}^{(k)},\boldsymbol{r}^{(k)}\right)}$，$\boldsymbol{s}^{(k+1)}=\boldsymbol{r}^{(k+1)}+\beta_{k+1}\boldsymbol{s}^{(k)}$，置$k=k+1$，执行步骤（2）。

3）算法实现

求解例 5.2 的共轭梯度法的程序代码如下：

```
import numpy as np

def conjugate(A,b,x0):
    k=0
    esp=0.00001  #设置误差
    r0 = b - np.dot(A, x0)
    p0=r0
    while np.linalg.norm(r0)>esp:   #迭代结束条件
        k=k+1
        lamda=np.dot(r0.T,r0)/np.dot(p0.T,np.dot(A,p0))
        x1=x0+lamda*p0
        r1=r0-lamda*np.dot(A,p0)
        beta=np.dot(r1.T,r1)/np.dot(r0.T,r0)
        p1=r1+beta*p0
        x0=x1
        r0=r1
        p0=p1
    return x0,k   #输出解与迭代次数

A=np.array([[4,-2,4,2],[-2,10,-2,-7],[4,-2,8,4],[2,-7,4,7]])
x0=np.array([[0],[0],[0],[0]])
```

```
b=np.array([[8],[2],[16],[6]])

x,k=conjugate(A,b,x0)
print(x.T,k)
```

输出结果如下：

```
[[1. 2. 1. 2.]] 4
```

6. Python 库函数求解

Python 的 scipy.sparse.linalg 模块提供了函数 cg 来实现共轭梯度法求解，也提供了 cgs、bicg、gmres 等其他函数。这里主要介绍函数 cg。

求解例 5.2 的调用格式如下：

```
import numpy as np
from scipy.sparse.linalg import cg
A=np.array([[4,-2,4,2],[-2,10,-2,-7],[4,-2,8,4],[2,-7,4,7]])
x0=np.array([[0],[0],[0],[0]])
b=np.array([[8],[2],[16],[6]])
x, info = cg(A, b, x0, tol=0.00001)
print(x, info)
#info 信息有 3 种: info=0, 即成功求解; info>0, 即未实现迭代收敛到误差范围内; info<0, 即非法输入或不适用该法
```

输出结果如下：

```
[1. 2. 1. 2.] 0
```

四、巩固训练

1．设有方程组

$$\begin{cases}9x_1+2x_2+2x_3=7\\2x_1+5x_2+4x_3=-2\\2x_1+4x_2+5x_3=-2\end{cases}$$

利用 Jacobi 迭代法、Gauss-Seidel 迭代法和 SOR 方法（$\omega=1.2$）分别求解。

2．用 SOR 方法解线性方程组（分别取松弛因子 ω=1.03，ω=1，ω=1.1）

$$\begin{cases}4x_1-x_2=1\\-x_1+4x_2-x_3=4\\-x_2+4x_3=-3\end{cases}$$

的精确解 $\boldsymbol{x}^*=\left(\frac{1}{2},1,-\frac{1}{2}\right)^{\mathrm{T}}$。当 $\left\|\boldsymbol{x}^*-\boldsymbol{x}^{(k)}\right\|_\infty<5\times10^{-6}$ 时，迭代结束，并对每一个 ω 值确定迭代次数。

3．取 $\boldsymbol{x}^{(0)}=0$，用最速下降法和共轭梯度法求解线性方程组

$$\begin{bmatrix} 4 & 3 & 0 \\ 3 & 4 & -1 \\ 0 & -1 & 4 \end{bmatrix}\begin{bmatrix} x_1 \\ x_2 \\ x_3 \end{bmatrix}=\begin{bmatrix} 3 \\ 5 \\ -5 \end{bmatrix}$$

4．迭代法求解案例引导中的泊松方程数值解。其中，$f(x,y)=\sin(\pi x)\sin(\pi y)$。

（1）当 $N=4$ 时，用 Jacobi 迭代法或 Gauss-Seidel 迭代法求解 $\varphi(x,y)$。

（2）当 $N=100$ 时，用 Gauss-Seidel 迭代法或共轭梯度法求解 $\varphi(x,y)$。

五、拓展阅读

1．Jacobi

Jacobi（1804—1851），德国著名数学家，是数学史上最勤奋、多产的数学家之一。在 1827 年，Jacobi 从陀螺旋转的问题开始对椭圆函数进行研究，他和阿贝尔在同一时期各自独立地发现了椭圆函数，他是椭圆函数的奠基人之一。在 19 世纪的数学领域中，椭圆函数理论有着十分重要的地位，它为发现和改进复变函数理论中的一般定理创造了有利条件。此外，Jacobi 于 1841 年在《论行列式的形成与性质》一文中求得了函数行列式的导数公式，还利用函数行列式证明了函数之间相关或无关的条件分别是 Jacobi 行列式等于零或不等于零。

Jacobi 在动力学、数学物理及分析力学方面也有贡献。他对哈密顿（Hamiton）典型方程进行了深入研究，通过引入广义坐标变换得到一阶偏微分方程，称为 Hamition-Jacobi 微分方程。他的贡献包括变分法、复变函数论、代数学和微分方程等。此外，他对数学史也有研究，他的研究特色是将不同的数学分支连通起来。他不仅把椭圆函数论引入数论研究，还引入了积分理论。而积分理论的研究又同微分方程的研究相关联。此外，尾乘式原理也是他提出的。

现在数学中的许多定理、公式和函数恒等式、方程、积分、曲线、矩阵、根式、行列式及多种数学符号的名称都冠以 Jacobi 的名字。

2．高斯

高斯（1777—1855），德国著名数学家、物理学家和天文学家。他与阿基米德、牛顿齐名，享有“数学王子”的美誉，是近代数学的奠基人之一。

高斯出身贫寒，每天晚上吃完饭，他的父亲就让他睡觉，以此节省灯油和燃料。然而高斯非常喜欢读书，他就常常带一颗芜菁到顶楼，把芜菁中间挖空，把粗棉做成的灯芯放到里面，然后拿一些油脂当烛油。虽然灯光非常微弱，但这并不能阻挡高斯看书的热忱。高斯从小就展现了惊人的数学天赋。他在 3 岁时就能发现父亲账目中的错误。14 岁时，高斯偶然间在一本书中发现了一个对数表和一个素数表，他花了一刻钟时间计算

了其中的 1000 个，发现了一个规律：素数的分布密度接近于自然对数的倒数，于是他又验算了大概一百万个，结论大体没错。这一发现就是著名的素数定理。17 岁的高斯发现了素数分布定理和最小二乘法。高斯曾专注于曲面与曲线的计算，并成功得到了正态分布曲线，其函数被命名为标准正态分布或者高斯分布，这为概率论的发展提供了巨大的帮助。19 岁的高斯证明了正十七边形可以尺规作图。证明正十七边形可以尺规作图的关键是证明 $\cos\frac{2\pi}{17}$ 可以用根式表达出来，这是数学史上的一个千古难题。高斯在博士论文里第一次严格地证明了代数基本定理，开创了“存在性”证明的新时代。1801 年，24 岁的高斯发表了著作《算术研究》，对数论中的一些杰出而又零散的成果予以系统地整理并加以推广，给出了标准化的记号。这部著作奠定了近代数论的基础。

1818 年至 1826 年，高斯主导了汉诺威公国的大地测量工作，通过以最小二乘法为基础的测量平差的方法和求解线性方程组的方法，显著地提高了测量的精度。高斯写了近 20 篇对现代大地测量学具有重大意义的论文。他推导了由椭圆面向圆球面投影时的公式，称为高斯函数。19 世纪 30 年代，高斯发明了磁强计。1840 年，他与韦伯一起画出了第一张地球磁场图。

高斯的一生都非常勤奋，对自己的工作精益求精，“不多，但成熟”是高斯的座右铭。高斯的一生都勤于思考，他曾指着《算术研究》第 633 页说：“别人都说我是天才，别信它！你看这个问题只占了短短几行，却花费了我整整 4 年的时间，4 年来我几乎没有一个星期不在考虑它的符号问题。”

第六章

方程求根

随着科学技术的快速发展，电子计算机在数学领域得到了广泛的应用，越来越多的实际问题需要通过建立数学模型完成模拟仿真，而模型建立后往往会形成复杂的非线性方程或方程组。电力、金融、医学、生物、天气预报、地质勘探、航天等各类科学工程领域都涉及大量的非线性问题。如何求解非线性方程成为重要的科学问题。

非线性方程分为代数方程和超越方程两种。其中，代数方程求根问题是一个古老的数学问题，早在 16 世纪科学家们就找到了一元三次、四次方程的求根公式。19 世纪，挪威数学家阿贝尔证明了五次及以上的一般代数方程是不能用代数公式求解的，或者求解非常复杂。另外，超越方程求解也没有通用的公式可循。因此，非线性方程的求解往往需要借助数值计算方法，通过迭代计算求得满足精度要求的近似解。本章主要介绍几种经典的迭代法，包括二分法、不动点迭代法、牛顿迭代法和割线法、非线性最小二乘法等。

一、学习目标

掌握二分法、不动点迭代法、牛顿迭代法求解方程的基本思想；掌握迭代法的算法步骤及算法实现；能够熟练运用迭代法解决实际问题。

二、案例引导

居民消费和投资理财的一个重要方式是购房，部分人会选择银行按揭贷款，按月分期还款。表 6.1 所示为投资某房产的具体信息。

表 6.1　投资某房产的具体信息

建筑面积	房价	40%首付	60%按揭	月还款
80m^2	85 万元	34 万元	30 年	2600 元

从表 6.1 中可以看出，此投资方案共向银行借款 51 万元，30 年内共要还款 93.6 万元，接近借款金额的两倍。请问贷款利率是多少？

分析：我们假设贷款总额为 x_0，贷款期限为 N 个月，采用逐月等额方式偿还本息，x_k 为第 k 个月的欠款数，m 为月还款，r 为月利率。我们可以得到以下关系式：

$$x_{k+1} = (1+r)x_k - m$$

递推有

$$\begin{aligned} x_k &= (1+r)x_{k-1} - m \\ &= (1+r)^2 x_{k-2} - (1+r)m - m \\ &= (1+r)^k x_0 - m[1 + (1+r) + \cdots + (1+r)^{k-1}] \\ &= (1+r)^k x_0 - \frac{m[(1+r)^k - 1]}{r} \end{aligned}$$

第 N 个月后欠款数为 0，可以得到以下关系式：

$$m = \frac{r(1+r)^N x_0}{(1+r)^N - 1}$$

由 $m = 0.26$， $N = 360$， $x_0 = 51$ 得到月利率 r 满足以下方程：

$$51r(1+r)^{360} - 0.26[(1+r)^{360} - 1] = 0$$

令

$$f(r) = 54r(1+r)^{360} - 0.2720[(1+r)^{360} - 1]$$

则问题就转化成非线性方程求解的问题，即

$$f(r) = 0$$

许多复杂的求解问题都可以转换成方程 $f(x)=0$ 的求解问题。这一系列的解叫作方程的根。对于非线性方程的求解，在自变量变化范围内往往有多个解，我们将区域分为多个小的子区间，分别对每个区间进行求解。在求解过程中，先选取一个近似值或近似区间，再运用迭代法逐步逼近真实解。

三、知识链接

1. 二分法

1）基本原理

一般地，对于函数 $f(x)$，如果存在实数 c 使得 $f(c)=0$，那么把 $x=c$ 叫作函数 $f(x)$ 的零点。解方程 $f(x)=0$ 即求 $f(x)$ 的所有零点。假定 $f(x)$ 在区间 $[a,b]$ 上连续，且 $f(a)$，$f(b)$ 异号，根据连续函数的零点定理可知，在区间 (a,b) 内一定有零点，求中点函数值 $f[(a+b)/2]$，判断零点的位置。具体地，假设 $f(a)<0$， $f(b)>0$， $a<b$，按以下情况判断零点的位置。

（1）如果 $f[(a+b)/2]=0$，那么该点就是零点。

（2）如果 $f[(a+b)/2]<0$，那么在区间 $((a+b)/2,b)$ 内有零点，将 $(a+b)/2$ 赋给 a，记新的区间为 $[a_1,b_1]$，从（1）开始继续使用中点函数值判断。

（3）如果 $f[(a+b)/2]>0$，那么在区间 $(a,(a+b)/2)$ 内有零点，将 $(a+b)/2$ 赋给 b，记新的区间为 $[a_2,b_2]$，从（1）开始继续使用中点函数值判断。

通过判断中点函数值信息，$f(x)$ 的零点所在小区间就收缩一半。使区间的两个端点逐步迫近函数的零点，以求得零点的近似值，这种方法叫作二分法。

将上述过程无限进行下去，就可以不断接近零点，即为方程所求的根 x^*。而从实际问题和计算机的舍入误差考虑，相比精确解，得到满足精度需求的近似解更加合理。基于二分法的原理很容易分析近似解的精度。如果取有根区间 $[a_n,b_n]$ 的中点 $x_n=\frac{1}{2}(a_n+b_n)$ 作为 x^* 的近似值，那么有以下误差估计：

$$|x^*-x_n|\leqslant\frac{1}{2}(b_n-a_n)=\frac{1}{2^{n+1}}(b-a)$$

因此，只要区间二分次数足够多，误差就足够小。

综上所述，二分法的优缺点总结如下。

优点：易于在计算机中实现；每次运算后，区间长度减少一半，是线性收敛；对函数的性质要求低，只要求在求根区间连续。

缺点：不能计算复根和重根；收敛速度与以 1/2 为公比的等比数列相同，不算太快，因此一般不单独使用，常用它为其他求解方法提供好的初值区间。

2）算法步骤

（1）输入 $f(x)$、a 和 b、误差限 ε、最大容许迭代次数 N，令 $n=0$。

（2）$x_n=(a+b)/2$。

（3）若 $f(x_n)=0$ 或 $(a-b)/2<\varepsilon$，则输出 $x^*=x_n$，结束；否则，执行步骤（4）。

（4）若 $n<N$，则执行步骤（5）；否则，输出错误信息，结束。

（5）若 $f(a)f(x_n)<0$，则 $b\leftarrow x_n$；否则，$a\leftarrow x_n$。

（6）令 $n\leftarrow n+1$，转到步骤（2），进行下一轮迭代。

3）算法实现

例 6.1　求 $y=x^3-x-1$ 在 $x\in[0,2]$ 上的零点。

二分法求解的程序代码如下：

```
import math
import numpy as np
def solve_function(x):
```

```
    return x**3-x-1  #可在此更改所需求解的方程

def dichotomy(left, right, eps):
    if left >= right:
        print("重新输入a与b")
        exit()
    else:
        mid = (left + right) / 2
        count = 1  # 统计迭代次数,第一次迭代
        #print(count, mid)  # 输出第一次迭代后的中点函数值
        while abs(solve_function(mid)) > eps:
            count += 1
            signright = np.sign(solve_function(right))
            signleft = np.sign(solve_function(left))
            signmid = np.sign(solve_function(mid))
            if signmid == signleft:
                left = mid
            if signmid == signright:
                right = mid
            mid = (left + right) / 2
            #print(count, mid) # 输出第二次迭代后每次迭代的中点函数值
    return count, mid
# left = -1  # float(input("请输入a的值"))
# right = 3  # float(input("请输入b的值"))
# eps = 0.0000001 # float(input("请输入误差"))
count, middle = dichotomy(left = float(input("请输入 a 的值")), right =
float(input("请输入b的值")), eps = float(input("请输入误差")))
print("迭代%d次得到的根是%f" % (count, middle))
```

输出结果如下：

```
请输入a的值0
请输入b的值2
请输入误差0.0000001
迭代25次得到的根是1.324718
```

2. 不动点迭代法

1）基本原理

将非线性方程 $f(x)=0$ 化为一个同解方程：

$$x=\varphi(x) \tag{6.1}$$

若 x^* 满足 $f(x^*)=0$，则 $x^*=\varphi(x^*)$。也就是 φ 将 x^* 映射到 x^* 本身，x^* 称为 $\varphi(x)$ 的一个

不动点。求解原始方程 $f(x)=0$ 就等价于寻找 $\varphi(x)$ 的不动点。

迭代法求解不动点。具体地，选择初值 x_0 代入式（6.1）右端，可以得到以下序列：

$$x_1=\varphi(x_0)$$

$$x_2=\varphi(x_1)$$

$$\vdots$$

$$x_{k+1}=\varphi(x_k)，\quad k=0,1,2,\cdots$$

将 $x_{k+1}=\varphi(x_k)$ 称为非线性方程（6.1）的简单迭代法，也称为不动点迭代法。其中，$\varphi(x)$ 为迭代函数；x_k 为第 k 步迭代值。

如果存在一点 x^*，使得迭代序列 $\{x_k\}$ 满足 $\lim\limits_{k\to\infty}x_k=x^*$，那么称迭代法收敛，否则发散。迭代函数 $\varphi(x)$ 取法很多，但并不总能保证迭代收敛。常用来判断 $\varphi(x)$ 优劣的充分条件如下。

定理 6.1 假定函数 $\varphi(x)$ 满足下列条件：① 对于任意 $x\in[a,b]$，有 $a\leqslant\varphi(x)\leqslant b$；② 存在正数 $L<1$，使得对于任意 $x_1,x_2\in[a,b]$，均有 $|\varphi(x_1)-\varphi(x_2)|\leqslant L|x_1-x_2|$，那么，$\varphi(x)$ 在区间 $[a,b]$ 上存在唯一不动点 x^*；对于任意的初值 $x_0\in[a,b]$，迭代公式 $x_{k+1}=\varphi(x_k)$ 收敛于方程 $x=\varphi(x)$ 的根 x^*，且有以下误差估计：

$$|x_k-x^*|\leqslant\frac{L^k}{1-L}|x_1-x_0|$$

$$|x_k-x^*|\leqslant\frac{L}{1-L}|x_{k+1}-x_k|$$

上述的第一个误差估计式是确定迭代次数的，但是因含有信息 L 而不便于实际应用。第二个误差估计式是实用的，只要相邻两次计算结果的偏差足够小即可保证近似值具有足够精度。

定理 6.1 的第二个条件可以更换为以下导数形式：

$$|\varphi'(x)|\leqslant L<1，任意\ x\in[a,b] \tag{6.2}$$

此时由微分中值定理可知，对于任意 $x_1,x_2\in[a,b]$ 均有

$$|\varphi(x_1)-\varphi(x_2)|=|\varphi'(\theta)(x_1-x_2)|\leqslant L|x_1-x_2|,\theta\in(a,b)$$

因此式（6.2）能推出定理 6.1 的第二个条件。

上面给出的迭代序列 $\{x_k\}$ 在区间 $[a,b]$ 上的收敛性称为全局收敛性。在实际应用中，定理 6.1 的两个条件不容易验证，通常只在不动点 x^* 的附近考察其收敛性，即局部收敛性。下面给出局部收敛性的定义及判断定理。

定义 6.1 设 $\varphi(x)$ 有不动点 x^*，如果存在 x^* 的某个邻域 R（$|x-x^*|\leqslant\eta$），对于任意

$x_0 \in R$，迭代公式 $x_{k+1}=\varphi(x_k)$ 产生的序列 $\{x_k\} \in R$，且收敛到 x^*，则迭代公式 $x_{k+1}=\varphi(x_k)$ 局部收敛。

常借助定理 6.2 判断局部收敛性。

定理 6.2 设 x^* 为 $\varphi(x)$ 的不动点，$\varphi'(x)$ 在 x^* 的某个邻域连续，且 $|\varphi'(x^*)|<1$，则迭代公式 $x_{k+1}=\varphi(x_k)$ 局部收敛。

当迭代法收敛时，收敛速度又成为评估迭代法效率的重要指标。下面给出迭代速度的定义。

定义 6.2 设迭代公式 $x_{k+1}=\varphi(x_k)$ 收敛于方程 $x=\varphi(x)$ 的根 x^*，如果迭代误差 $e_k=x_k-x^*$，当 $k\to\infty$ 时成立下列渐近关系式：

$$\frac{|e_{k+1}|}{|e_k^p|}\to C,\ C\neq 0$$

其中，该迭代法是 p 阶收敛的。特别地，当 p=1时为线性收敛，当 p=2时为平方收敛，当 $p>1$ 时为超线性收敛。p 越大收敛速度越快。

用定义式判断收敛速度不方便，常用以下定理判断。

定理 6.3 如果迭代函数 $\varphi(x)$ 在根 x^* 附近满足下列条件：① $\varphi(x)$ 存在 p 阶导数且连续；② $\varphi'(x^*)=\varphi''(x^*)=\cdots=\varphi^{(p-1)}(x^*)=0$，而 $\varphi^{(p)}(x^*)\neq 0$，那么迭代公式 $x_{k+1}=\varphi(x_k)$ 的收敛阶是 p。

上述定理告诉我们，迭代过程的收敛速度依赖迭代函数 $\varphi(x)$ 的选取。如果 $x\in[a,b]$，$\varphi'(x)\neq 0$，那么该迭代过程只可能是线性收敛的。

综上所述，不动点迭代法的优缺点总结如下。

优点：原理简单，易于理解。

缺点：对初值的要求较高，需要提供较为近似的初始值 x_0；大多数情况下需要考虑迭代法的局部收敛性。

2）算法步骤

（1）给定函数 $f(x)$、初始值 x_0、误差限 ε。

（2）将 $f(x)$ 转换成同解方程 $x=\varphi(x)$。

（3）将 x_0 代入 $x=\varphi(x)$，求 $x_1=\varphi(x_0)$。

（4）若满足收敛条件 $|x_1-x_0|<\varepsilon$，则结束，输出迭代值 x_1；若不满足收敛条件，则令 x_1 代替 x_0，转到步骤（3），进行下一轮迭代，直到满足收敛条件。

3）算法实现

例 6.2 用不动点迭代法求 $y=x^3-x-1$ 在 $x\in[0,+\infty)$ 上的解，并判断该迭代是否收敛。

Python 求解代码如下：

```
def solve_function(x):
    return (x+1)**(1/3)

def solve_df(x):  # 求导函数用于判断最后的是否局部收敛
    return (1/3)*(x+1)**(-2/3)

def Fix(x0,eps):
    p0 = solve_function(x0)
    x1 = p0
    k = 0
    while k >= 0:
        if abs(x1 - x0) < eps:
            if abs(solve_df(x0)) < 1:
                print("此迭代局部收敛")
            else:
                print("此迭代非局部收敛")
            break
        else:
            x0 = x1
            p0 = solve_function(x0)
            x1 = p0
            # print("第", k + 1, "次迭代值为", x0)
        k = k + 1
    return k,x0
k, x0 = Fix(x0 = float(input("请输入初始 x 的值")),eps = float(input("请输入误差
")))
print("迭代%d 次得到的根是%f" % (k, x0))
```

输出结果如下：

```
请输入初始 x 的值 0
请输入误差 0.000001
此迭代局部收敛
迭代 9 次得到的根是 1.324717
```

3. 牛顿迭代法

1）基本原理

设方程 $f(x)=0$ 有近似根 x_k，且 $f'(x_k)\neq 0$。将 $f(x)$ 在点 x_k 进行一阶泰勒展开，即

$$f(x) \approx f(x_k) + f'(x_k)(x - x_k)$$

则方程 $f(x)=0$ 在点 x_k 附近可近似表示为线性方程

$$f(x_k) + f'(x_k)(x - x_k) = 0$$

设其根为 x_{k+1}，求得

$$x_{k+1} = x_k - \frac{f(x_k)}{f'(x_k)}, \quad k = 0,1,2,\cdots \tag{6.3}$$

将其称为方程 $f(x)=0$ 的牛顿迭代公式。应用公式（6.3）求解方程的方法称为牛顿迭代法。

式（6.3）对应的迭代方程为 $x = x - \dfrac{f(x)}{f'(x)}$，显然是 $f(x)=0$ 的同解方程。也就是说，牛顿迭代法是一种特殊的不动点迭代法，迭代函数为

$$\varphi(x) = x - \frac{f(x)}{f'(x)}, \quad f'(x) \neq 0$$

若 $f(x)=0$ 的根 x^* 在某个邻域 $R(|x-x^*| \leqslant \delta)$ 内，$f(x) \approx 0$，则

$$|\varphi'(x)| = \frac{|f''(x)| \cdot |f(x)|}{[f'(x)]^2} \leqslant L < 1, \quad \varphi'(x^*) = 0$$

即在 x^* 的邻域 R 内，对于任意初值 x_0，牛顿迭代法至少是二阶收敛的。因此，牛顿迭代法是解决代数方程的有效方法之一。

牛顿迭代法的几何意义如下。

由牛顿迭代格式可知 x_{k+1} 是点 $(x_k, f(x_k))$ 处 $y=f(x)$ 的切线 $\dfrac{y - f(x_k)}{x - x_k} = f'(x_k)$ 与 x 轴的交点的横坐标（见图 6.1）。也就是说，新的近似值 x_{k+1} 是用曲线 $y=f(x)$ 的切线与 x 轴相交得到的。继续取点 $(x_{k+1}, f(x_{k+1}))$，做切线与 x 轴相交，可以得到 $x_{k+2}, x_{k+3}, \cdots$。由此可知，只要初值取得充分靠近 x^*，这个序列就会快速收敛于 x^*。因此，牛顿迭代法又称为切线法。

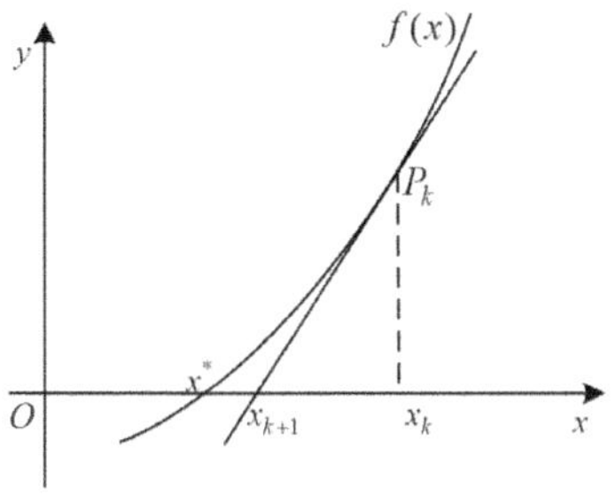

图 6.1 牛顿迭代法示意图

总结牛顿迭代法的优缺点如下。

优点：方程在单根附近具有较高的收敛速度，且算法逻辑简单；可以用于求代数方程的重根、复根。

缺点：局部收敛，收敛性依赖初值 x_0 的选取；需要计算 $f'(x)$，当 $f(x)$ 比较复杂时，计算量大，可能会产生较大误差；当迭代过程中 $f'(x)$ 为 0 或无意义时，牛顿迭代法无法使用。

2）算法步骤

（1） 给定初值 x_0、控制常数 $C=1$、误差限 ε_1 和 ε_2、最大迭代次数 N，计算 $f_0=f(x_0)$，$f_0'=f'(x_0)$。

（2）计算 $x_1=x_0-\dfrac{f_0}{f_0'}$，$f_1=f(x_1)$，$f_1'=f'(x_1)$。

（3）计算迭代误差 ξ：

$$\xi=\begin{cases}|x_1-x_0|, & |x_1|<C\\ \dfrac{|x_1-x_0|}{|x_1|}, & |x_1|>C\end{cases}$$

如果 x_1 满足 $|\xi|<\varepsilon_1$ 或 $|f_1|<\varepsilon_2$，那么迭代收敛，所求根为 x_1，否则执行步骤（4）。

（4）如果迭代次数 $n=N$，或者 $f_1'=0$，那么输出错误信息，结束；若 $n<N$ 且 $f_1'\neq 0$，则用 (x_1,f_1,f_1') 代替 (x_0,f_0,f_0')，转到步骤（2），进行下一轮迭代。

3）算法实现

例 6.3 用牛顿迭代法求 $y=x^3-x-1$ 在 $x\in[0,+\infty)$ 上的根。

Python 求解代码如下：

```
import numpy as np

def solve_function(x):
    return pow(x,3)-x-1  #所求解方程

def solve_df(x):
    return 3*x**2-1 #所求解方程的导数

def newton(x,eps):
    count = 0
    while abs(solve_function(x)) > eps:
        x = x - solve_function(x)/solve_df(x)
        count += 1
```

```
        # print(count,x)  #输出迭代次数与 x 的值
    return count,x

count,x_solve = newton(x=float(input("请输入 x 的值")),eps=float(input("请输入误差
")))
print("迭代{}次得到的根是{}".format(count,x_solve))
```

输出结果如下：

```
请输入 x 的值 0
请输入误差 0.00000001
迭代 21 次得到的根是 1.3247179572453902
```

4. 割线法

1）基本原理

牛顿迭代法有一个较强的要求是 $f'(x)\neq 0$ 且存在。如果 $f'(x)$ 比较复杂，计算 $f'(x_k)$ 的工作量就可能很大，并且在 $|f'(x_k)|$ 很小时，会产生较大的舍入误差。

为避免计算导数值，可以选择用差商来代替导数，即用 $f(x)$ 在 x_k,x_{k-1} 两点的差商

$$\frac{f(x_k)-f(x_{k-1})}{x_k-x_{k-1}}$$

来代替牛顿迭代公式里的 $f'(x_k)$，可以得到以下迭代公式：

$$x_{k+1}=x_k-\frac{f(x_k)}{f(x_k)-f(x_{k-1})}(x_k-x_{k-1})\ （k=0,1,2,\cdots） \tag{6.4}$$

将其称为割线法。

割线法属于两步法，也就说每次迭代计算都需要用前面两次的迭代值，所以它不属于不动点迭代法。可以证明，割线法具有 $p=\frac{\sqrt{5}+1}{2}$ 的超线性收敛速度。

割线法的几何意义如下。

将图 6.2 所示的曲线 $y=f(x)$ 上的横坐标为 x_k,x_{k-1} 的点分别记作 P_k,P_{k-1}，则弦线 P_kP_{k-1} 的斜率等于差商 $\frac{f(x_k)-f(x_{k-1})}{x_k-x_{k-1}}$，其方程为

$$f(x_k)+f(x_{k-1})+\frac{f(x_k)-f(x_{k-1})}{x_k-x_{k-1}}(x-x_k)=0$$

因此，按照公式（6.4）求得的 x_{k+1} 实际上是弦线 P_kP_{k-1} 与 x 轴的交点的横坐标。所以，割线法也叫作弦截法。

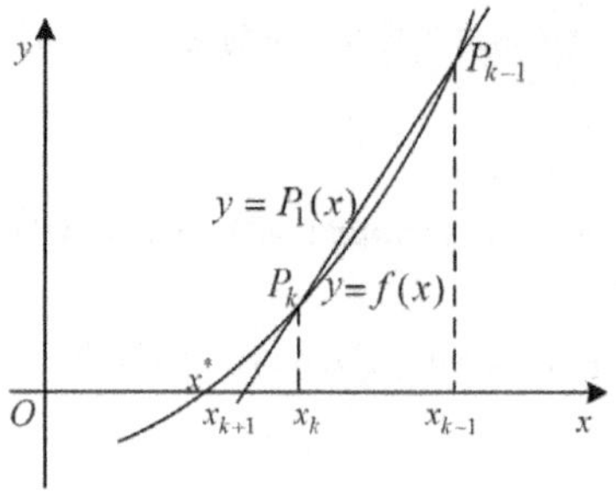

图 6.2 割线法示意图

2）算法步骤

（1）给定初始值 x_0 和 x_1、误差限 ε、最大迭代次数 N。

（2）令 $n=0$，计算 $f_0=f(x_0)$，$f_1=f(x_1)$。

（3）若 $|f_1|>\varepsilon$，则计算 $x_2=x_1-\dfrac{f_1}{f_1-f_0}(x_1-x_0)$，$f_2=f(x_2)$，$n\leftarrow n+1$，执行步骤（4）；否则输出 x_2 和 n，结束。

（4）赋值：$x_0\leftarrow x_1$，$x_1\leftarrow x_2$，$f_0\leftarrow f_1$，$f_1\leftarrow f_2$；若 $n>N$，则输出错误信息，结束；否则转至步骤（3）。

5. 非线性方程组求解

考虑以下方程组：

$$\begin{cases} f_1(x_1,x_2,\cdots,x_n)=0 \\ f_2(x_1,x_2,\cdots,x_n)=0 \\ \qquad\vdots \\ f_n(x_1,x_2,\cdots,x_n)=0 \end{cases}$$

其中，$f_1,f_2,\cdots,f_n$ 均为 $(x_1,x_2,\cdots,x_n)$ 的多元函数，向量形式为 $\boldsymbol{F}(\boldsymbol{x})=0$，其中

$$\boldsymbol{F}(\boldsymbol{x})=\begin{bmatrix} f_1(\boldsymbol{x}) \\ \vdots \\ f_n(\boldsymbol{x}) \end{bmatrix};\ \boldsymbol{x}=\begin{bmatrix} x_1 \\ \vdots \\ x_n \end{bmatrix}\in\mathbf{R}^n;\ \mathbf{0}=\begin{bmatrix} 0 \\ \vdots \\ 0 \end{bmatrix}$$

当 $n\geqslant 2$，且 f_i（$i=1,2,\cdots,n$）中至少有一个是自变量 x_i（$i=1,2,\cdots,n$）的非线性实函数时，称方程组 $\boldsymbol{F}(\boldsymbol{x})=0$ 为非线性方程组。其求根问题就是确定方程组在指定范围内的一组解，可以将单个线性方程求根算法直接推广得到非线性方程组的求解算法。常用解法分为两类：一类是线性化方法，将非线性方程组用一个线性方程组来近似，由此构造一种迭代公式，逐次逼近所求的解；另一类是属于求函数极小值的方法，即由非线性函数 $f_1,f_2,\cdots,f_n$ 构造一个模函数。例如，先构造函数

$$\varphi(x_1,x_2,\cdots,x_n)=\sum_{i=1}^{n}[f_i(x_1,x_2,\cdots,x_n)]^2$$

然后通过各种下降法或优化算法求出模函数的极小值点，此极小值点就是非线性方程组的一组解。接下来，简要介绍两种求解非线性方程组常用的线性化方法：不动点迭代法和牛顿迭代法。

1）不动点迭代法

（1）基本原理。

根据非线性方程求根的迭代法，将方程组改为以下等价方程组：

$$x_i=\varphi_i(x_1,x_2,\cdots,x_n)\quad (i=1,2,\cdots,n)$$

构造迭代公式

$$x_i^{(k+1)}=\varphi_i(x_1^{(k+1)},x_2^{(k+1)},\cdots,x_n^{(k+1)})\quad (i=1,2,\cdots,n)$$

选取初始向量 $\boldsymbol{x}^{(0)}=(x_1^{(0)},x_2^{(0)},\cdots,x_n^{(0)})$，可以根据迭代公式得到以下向量序列：

$$\boldsymbol{x}^{(1)},\boldsymbol{x}^{(2)},\boldsymbol{x}^{(3)},\cdots$$

如果方程组有唯一向量解 $\boldsymbol{x}^*$，且 $\lim\limits_{k\to\infty}\|\boldsymbol{x}^{(k)}-\boldsymbol{x}^*\|=0$，那么 $\boldsymbol{x}^{(k)}$ 可作为逐次逼近 $\boldsymbol{x}^*$ 的近似解。把迭代公式写成以下向量形式：

$$\boldsymbol{x}^{(k+1)}=\varphi(\boldsymbol{x}^{(k)})\tag{6.5}$$

并记矩阵 $\varphi'(\boldsymbol{x})$ 为

$$\varphi'(\boldsymbol{x})=\begin{bmatrix}\dfrac{\partial\varphi_1}{\partial x_1} & \dfrac{\partial\varphi_1}{\partial x_2} & \cdots & \dfrac{\partial\varphi_1}{\partial x_n}\\ \dfrac{\partial\varphi_2}{\partial x_1} & \dfrac{\partial\varphi_2}{\partial x_2} & \cdots & \dfrac{\partial\varphi_2}{\partial x_n}\\ \vdots & \vdots & & \vdots\\ \dfrac{\partial\varphi_n}{\partial x_1} & \dfrac{\partial\varphi_n}{\partial x_2} & \cdots & \dfrac{\partial\varphi_n}{\partial x_n}\end{bmatrix}$$

可以证明当 $\|\varphi'(\boldsymbol{x})\|\leqslant L\leqslant 1$ 时，迭代公式（6.5）是收敛的。

（2）算法步骤。

① 给定函数 $\boldsymbol{F}(\boldsymbol{x})$、初始向量 $\boldsymbol{x}^{(0)}$、误差限 ε。

② 将 $\boldsymbol{F}(\boldsymbol{x})$ 转换成同解方程 $x_i=\varphi_i(x_1,x_2,\cdots,x_n)$，$i=1,2,\cdots,n$。

③ 将 $\boldsymbol{x}^{(0)}$ 代入迭代公式 $\boldsymbol{x}^{(k+1)}=\varphi(\boldsymbol{x}^{(k)})$，求 $\boldsymbol{x}^{(1)}=\varphi(\boldsymbol{x}^{(0)})$。

④ 若满足收敛条件 $|\boldsymbol{x}^{(1)}-\boldsymbol{x}^{(0)}|<\varepsilon$，则结束，输出迭代值 $\boldsymbol{x}^{(1)}$；若不满足收敛条件，则令 $\boldsymbol{x}^{(1)}$ 代替 $\boldsymbol{x}^{(0)}$，转到步骤③，进行下一轮迭代，直到满足收敛条件。

2）牛顿迭代法

（1）基本原理。

根据求解非线性方程的牛顿迭代法（简称牛顿法），如果已经给出方程组 $\boldsymbol{F}(\boldsymbol{x})=0$ 的一个近似根

$\boldsymbol{x}^{(k)}=(x_1^{(k)},x_2^{(k)},\cdots,x_n^{(k)})^{\mathrm{T}}$，则可以把函数 $\boldsymbol{F}(\boldsymbol{x})$ 的分量 $f_i(\boldsymbol{x})$（$i=1,2,\cdots,n$）在 $\boldsymbol{x}^{(k)}$ 处按多元函数泰勒展开，取得线性部分做近似，得

$$\boldsymbol{F}(\boldsymbol{x})\approx\boldsymbol{F}(\boldsymbol{x}^{(k)})+\boldsymbol{F}'(\boldsymbol{x}^{(k)})(\boldsymbol{x}-\boldsymbol{x}^{(k)})$$

则得到线性方程组

$$\boldsymbol{F}(\boldsymbol{x}^{(k)})+\boldsymbol{F}'(\boldsymbol{x}^{(k)})(\boldsymbol{x}-\boldsymbol{x}^{(k)})=0$$

其解为

$$\boldsymbol{x}^{(k+1)}=\boldsymbol{x}^{(k)}-[\boldsymbol{F}'(\boldsymbol{x}^{(k)})]^{-1}\boldsymbol{F}(\boldsymbol{x}^{(k)}) \tag{6.6}$$

式（6.6）即求解非线性方程组的牛顿迭代公式。其中，

$$\boldsymbol{F}'(\boldsymbol{x})=\begin{bmatrix}\dfrac{\partial f_1(\boldsymbol{x})}{\partial x_1} & \dfrac{\partial f_1(\boldsymbol{x})}{\partial x_2} & \cdots & \dfrac{\partial f_1(\boldsymbol{x})}{\partial x_n}\\ \dfrac{\partial f_2(\boldsymbol{x})}{\partial x_1} & \dfrac{\partial f_2(\boldsymbol{x})}{\partial x_2} & \cdots & \dfrac{\partial f_2(\boldsymbol{x})}{\partial x_n}\\ \vdots & \vdots & & \vdots\\ \dfrac{\partial f_n(\boldsymbol{x})}{\partial x_1} & \dfrac{\partial f_n(\boldsymbol{x})}{\partial x_2} & \cdots & \dfrac{\partial f_n(\boldsymbol{x})}{\partial x_n}\end{bmatrix}$$

称为 $\boldsymbol{F}(\boldsymbol{x})$ 的 Jacobi 矩阵。

（2）算法步骤。

① 给定初始值 $\boldsymbol{x}^{(0)}=(x_1^0,x_2^0,\cdots,x_n^0)$、误差限 ε、最大迭代次数 N。

② 若 $\boldsymbol{F}'(\boldsymbol{x}^{(0)})=0$，则结束；否则，计算 $\boldsymbol{x}^{(1)}=\boldsymbol{x}^{(0)}-[\boldsymbol{F}'(\boldsymbol{x}^{(0)})]^{-1}\boldsymbol{F}(\boldsymbol{x}^{(0)})$。

③ 若 $|\boldsymbol{x}^{(1)}-\boldsymbol{x}^{(0)}|<\varepsilon$，则结束；否则，令 $\boldsymbol{x}^{(0)}=\boldsymbol{x}^{(1)}$，转到步骤③。

④ 若 $n=N$，则结束；否则，令 $n\leftarrow n+1$，转到②。

6．非线性最小二乘法

在拟合优化等实际问题中，我们常常碰到非线性最小二乘法问题，形式如下：

$$\min F(\boldsymbol{x})=\sum_{i=1}^{m}f_i^2(\boldsymbol{x}),\quad \boldsymbol{x}\in\mathbf{R}^n,\quad m\geqslant n \tag{6.7}$$

例如，求解非线性方程组 $f_i(\boldsymbol{x})=0$，　$(i=1,2,\cdots,n)$ 就可化为求公式（6.7）的极小值问题。

对于非线性的最小二乘问题，可以用一般无约束最优化方法求解。针对某些目标函数的特殊形式，可以对某些方法进行改造，还可针对函数的特殊形式提出一些特有的方法。

引进向量函数

$$\boldsymbol{f}(\boldsymbol{x})=(f_1(\boldsymbol{x}),f_2(\boldsymbol{x}),\cdots f_m(\boldsymbol{x}))^{\mathrm{T}}$$

则公式（6.7）可写成

$$\boldsymbol{F}(\boldsymbol{x})=\boldsymbol{f}(\boldsymbol{x})^{\mathrm{T}}\boldsymbol{f}(\boldsymbol{x})$$

定义 $\boldsymbol{f}$ 的 Jacobi 矩阵为

$$\boldsymbol{J}=\begin{bmatrix} \frac{\partial f_1}{\partial x_1} & \frac{\partial f_1}{\partial x_2} & \cdots & \frac{\partial f_1}{\partial x_n} \\ \frac{\partial f_2}{\partial x_1} & \frac{\partial f_2}{\partial x_2} & \cdots & \frac{\partial f_2}{\partial x_n} \\ \vdots & \vdots & & \vdots \\ \frac{\partial f_m}{\partial x_1} & \frac{\partial f_m}{\partial x_2} & \cdots & \frac{\partial f_m}{\partial x_n} \end{bmatrix}$$

则 $\boldsymbol{F}(\boldsymbol{x})$ 的梯度向量可写为

$$\boldsymbol{g}(\boldsymbol{x})=2\boldsymbol{J}(\boldsymbol{x})^{\mathrm{T}}\boldsymbol{f}(\boldsymbol{x})$$

$\boldsymbol{F}(\boldsymbol{x})$ 的 Hesse 矩阵可写为

$$\boldsymbol{G}(\boldsymbol{x})=2\boldsymbol{J}(\boldsymbol{x})^{\mathrm{T}}\boldsymbol{J}(\boldsymbol{x})+2\sum_{i=1}^{m}f_i(\boldsymbol{x})\nabla^2 f_i(\boldsymbol{x})$$

令 $S(\boldsymbol{x})=\sum_{i=1}^{m}f_i(\boldsymbol{x})\nabla^2 f_i(\boldsymbol{x})$，则有 $\boldsymbol{G}(\boldsymbol{x})=2\boldsymbol{J}(\boldsymbol{x})^{\mathrm{T}}\boldsymbol{J}(\boldsymbol{x})+2S(\boldsymbol{x})$。

无约束优化式（6.7）的一阶最优性条件是

$$\boldsymbol{F}'(\boldsymbol{x}^*)=0 \tag{6.8}$$

对式（6.8）直接运用牛顿迭代公式（6.6），得到无约束优化问题的牛顿迭代公式：

$$(\boldsymbol{J}_k^{\mathrm{T}}\boldsymbol{J}_k+S_k)\boldsymbol{\delta}^{(k)}=-\boldsymbol{J}_k^{\mathrm{T}}f^{(k)} \tag{6.9}$$

其中

$$\boldsymbol{x}^{(k+1)}=\boldsymbol{x}^{(k)}+\boldsymbol{\delta}^{(k)}$$

我们看到，应用牛顿迭代法的主要问题是 Hesse 矩阵 $\boldsymbol{G}(\boldsymbol{x})$ 的计算。其第二项 S_k 为二阶导数项，一般难以计算且计算量大。为了简化计算，直接忽略 S_k 或用一阶导数的信息逼近 S_k，得到下面的高斯-牛顿法和莱文贝格（Levenberg）-马夸特（Marquardt）算法。

1）高斯-牛顿法

（1）基本原理。

在牛顿法中忽略 S_k，可以得到

$$J_k^{\mathrm{T}} J_k \boldsymbol{\delta}^{(k)} = -J_k^{\mathrm{T}} f^{(k)} \tag{6.10}$$

其中

$$\boldsymbol{x}^{(k+1)} = \boldsymbol{x}^{(k)} + \boldsymbol{\delta}^{(k)}$$

式（6.10）为高斯-牛顿法。与牛顿法不同的是，该方法用 Jacobi 矩阵的乘积 $J_k^{\mathrm{T}} J_k$ 代替 Hesse 矩阵 $G(x)$，能大大减少计算量。并且 $J_k^{\mathrm{T}} J_k$ 至少是半正定的，因为对手任意的 z 均满足

$$z^{\mathrm{T}} J_k^{\mathrm{T}} J_k z = (J_k z)^{\mathrm{T}} (J_k z) \geqslant 0$$

当 J_k 满秩时，$J_k^{\mathrm{T}} J_k$ 是非奇异的，并且 $\boldsymbol{\delta}^{(k)}$ 为下降方向。

高斯-牛顿法的优缺点总结如下。

优点：对于零残量问题（$f''(\boldsymbol{x}) = 0$），有局部二阶收敛速度；对于小残量问题（$f(\boldsymbol{x}) = 0$ 较小，或者接近于线性），有较快的局部收敛速度。

缺点：对于不是很大的残量问题，有较慢的收敛速度；对于残量很大的问题或 $f(x)$ 的非线性程度很大的问题，不收敛或不一定总体收敛。

（2）算法步骤。

① 给定初始点 x_1 及精度 ξ，令 $k = 1$。

② 如果 $\| J_k^{\mathrm{T}} f^{(k)} \| \leqslant \xi$，则结束；否则，求解线性方程组 $J_k^{\mathrm{T}} J_k \boldsymbol{\delta}^{(k)} = -J_k^{\mathrm{T}} f^{(k)}$，可得 $\boldsymbol{\delta}^{(k)}$。

③ 令 $\boldsymbol{x}^{(k+1)} = \boldsymbol{x}^{(k)} + \boldsymbol{\delta}^{(k)}$，$k = k + 1$，转到步骤②。

在许多实际问题中，当局部解 $\boldsymbol{x}^*$ 对应的目标函数值 $\boldsymbol{F}^*$ 接近于 0，迭代点 $\left\{\boldsymbol{x}^{(k)}\right\}$ 接近 $\boldsymbol{x}^*$ 时，$\| f^{(k)} \|$ 较小，高斯-牛顿法有较好的效果。

2）Levenberg-Marquardt 算法

（1）基本原理。

为了克服 Jacobi 矩阵奇异时高斯-牛顿法所遇到的困难，Levenberg 在 1944 年提出用方程组 $(J_k^{\mathrm{T}} J_k + v_k I)\boldsymbol{\delta}^{(k)} = -J_k^{\mathrm{T}} f^{(k)}$ 来计算修正量 $\boldsymbol{\delta}^{(k)}$，其中 $v_k > 0$ 是一个在迭代过程中调整的参数，但它的工作很少受到注意。1963 年，Marquardt 重新提出后才受到广泛的应用，所以被称为 Levenberg-Marquardt 算法。

由于当 $v_k > 0$ 时，$J_k^{\mathrm{T}} J_k + v_k$ 总是正定的，所以 $(J_k^{\mathrm{T}} J_k + v_k I)\boldsymbol{\delta}^{(k)} = -J_k^{\mathrm{T}} f^{(k)}$ 恒有唯一解，

并且当 v_k 很小时，近似于高斯-牛顿方向，而当 v_k 很大时，$\boldsymbol{\delta}^{(k)} \approx -\dfrac{\boldsymbol{g}^k}{v_k}$，即 $\boldsymbol{\delta}^{(k)}$ 偏向于负梯度方向。由于 v_k 充分大，因此 $\|\boldsymbol{\delta}^{(k)}\|$ 很小，从而可使 $\boldsymbol{F}_{k+1} < \boldsymbol{F}_k$。

基于上述情况，Marquardt 根据 $\boldsymbol{F}_k$ 与 $\boldsymbol{F}_{k+1}$ 之间的大小来调整 v_k，即若 $\boldsymbol{F}_{k+1} > \boldsymbol{F}_k$，则缩小 v_k，重新求解 $\boldsymbol{J}_k^{\mathrm{T}}\boldsymbol{J}_k\boldsymbol{\delta}^{(k)} = -\boldsymbol{J}_k^{\mathrm{T}} f^{(k)}$，直至 $\boldsymbol{F}_{k+1} < \boldsymbol{F}_k$。公式 $\boldsymbol{J}_k^{\mathrm{T}}\boldsymbol{J}_k\boldsymbol{\delta}^{(k)} = -\boldsymbol{J}_k^{\mathrm{T}} f^{(k)}$ 中的单位矩阵 $\boldsymbol{I}$ 也可用对角矩阵代替，这时适当选取的非负对角元素可以反映变量的尺度，使算法有更好的效果。

Levenberg-Marquardt 算法的优缺点如下。

优点：在一定程度上修正了高斯-牛顿法不收敛的缺点；同时具备高斯-牛顿法和一阶梯度算法的特点，比高斯-牛顿法具有更好的健壮性。

缺点：由于需要不断计算和更新收敛域半径，不断变换梯度下降步长，从而导致收敛速度变慢。

（2）算法步骤。

① 给定初始点 $\boldsymbol{x}_1$ 和 v_1，指定精度 $\boldsymbol{\delta}$，令 $k=1$。

② 若 $\|\boldsymbol{J}_k^{\mathrm{T}} f^{(k)}\| \leqslant \xi$，则结束；否则，求解线性方程组 $(\boldsymbol{J}_k^{\mathrm{T}}\boldsymbol{J}_k + v_k\boldsymbol{I})\boldsymbol{\delta}^{(k)} = -\boldsymbol{J}_k^{\mathrm{T}} f^{(k)}$，求得 $\boldsymbol{\delta}^{(k)}$。

③ 令 $\boldsymbol{x}^{(k+1)} = \boldsymbol{x}^{(k)} + \boldsymbol{\delta}^{(k)}$，并计算 $r_k = \dfrac{\boldsymbol{F}_{k+1} - \boldsymbol{F}_k}{2\boldsymbol{\delta}^{(k)^{\mathrm{T}}}\boldsymbol{J}_k^{\mathrm{T}} f^{(k)} + \boldsymbol{\delta}^{(k)^{\mathrm{T}}}\boldsymbol{J}_k^{\mathrm{T}}\boldsymbol{J}_k\boldsymbol{\delta}^{(k)}}$。

④ 若 $r_k < 0.25$，则令 $v_{k+1} = 4v_k$；若 $r_k > 0.75$，则令 $v_{k+1} = \dfrac{v_k}{2}$；否则，$v_{k+1} = v_k$。

⑤ 令 $k = k+1$，转至步骤②。

7. Python 库函数求解

Python 的 scipy.optimize 模块提供了二分法 bisect、不动点 fixed_point、牛顿 newton 等函数来实现方程求解。

1）bisect

求解例 6.1 的调用格式如下：

```
import numpy as np
from scipy import optimize

def f(x):
    return x**3-x-1

root = optimize.bisect(f,0,2)
print(root)
```

输出结果如下：

```
1.324717957244502
```

2）fixed_point

求解例 6.2 的调用格式如下：

```
import numpy as np
from scipy import optimize

def f(x):
    return (x+1)**(1/3)  #求解方程 f(x)=pow(x,3)-x-1, 得到 x=(x+1)**(1/3)

root = optimize.fixed_point(f,1.5)
print(root)
```

输出结果如下：

```
1.324717957244746
```

3）newton

求解例 6.3 的调用格式如下：

```
import numpy as np
from scipy import optimize

def f(x):
    return x**3-x-1

root = optimize.newton(f,1.5)
print(root)
```

输出结果如下：

```
1.3247179572447458
```

四、巩固训练

1．用不动点迭代法求方程 $x-0.5\sin x+1=0$ 的近似根（精确到小数点后 4 位）。

2．用不动点迭代法求 $f(x)=x^3-x^2-1=0$ 在区间[1.2,1.8]上的一个实根，参考下述设计方案。

（1）$x=\dfrac{1}{\sqrt{x-1}}$。

（2） $x=1+\frac{1}{x^2}$。

（3） $x=\sqrt{x^3-1}$。

（4） $x=\sqrt[3]{x^2+1}$。

3．逻辑人口增长模型由下面的方程描述：

$$P(t)=\frac{P_L}{1-ce^{-kt}}$$

其中，P_L,c,k 是大于 0 的常数；$P(t)$ 为 t 时刻人口的数量；P_L 代表人口的极限值，$\lim_{t\to+\infty}P(t)=P_L$。

请查阅我国人口普查数据（截至 2020 年的第七次人口普查），并以此数据来确定上述模型中的常数。使用该模型预测我国在 2030 年、2040 年的人口，将得到的预测结果与实际结果进行比较（假设在 1960 年 $t=0$）。

4．以定期存储为基础的储蓄账户的累积值可由“定期年金方程”确定：

$$A=\frac{P}{i}[(1+i)^n-1]$$

其中，A 是账户中的数额；P 是定期存储的数额；i 是 n 个存储期间的每期利率。某银行职员想在 20 年后退休时储蓄账户上的数额达到 800000 元，而为了达到这个目标，他每个月存 2000 元。为了实现他的储蓄目标，最低利率应是多少？假定利息是月复利的。

5．病人用的药在血液中的浓度由下面的方程确定：

$$c(t)=Ate^{-t/3}\text{（mg/mL）}$$

（在注射了 A 单位以后的 t 小时）最大的安全浓度是 1 mg/mL。

请根据上述条件回答以下问题：

（1）应该注射多大的量来达到最大的安全浓度？什么时候达到这个最大的安全浓度呢？

（2）在浓度下降到 0.25 mg/mL 后，要给病人注射这种药的附加药量。确定何时应进行第二次注射，精确到分钟。

（3）假设连续注射的浓度是可加的，又假设开始注射的 75%的药量仍在第二次注射中起作用，那么什么时候可以进行第三次注射？

6．已知一颗炮弹发射做斜抛运动，初速度为 240m/s，击中水平距离为 360m、垂直距离为 150m 的目标，问忽略空气阻力时的发射角有多大？

7．用迭代法求解下列非线性方程组：

$$\begin{cases}3x_1-x_2+e^{x_1}=1\\-2x_1+3x_2+x_1^2=0\end{cases}$$

令初值为 $\boldsymbol{x}^{(0)}=\begin{pmatrix}0\\0\end{pmatrix}$。

8．用牛顿迭代法求解下列方程组：

$$\begin{cases}x_1^2+x_2^2=4\\x_1^2-x_2^2=1\end{cases}$$

令初值为 $\boldsymbol{x}^{(0)}=\begin{pmatrix}1.6\\1.2\end{pmatrix}$。

五、拓展阅读

1．天问一号

发射窗口是运载火箭和航天器发射的最佳时机，是航天任务能否顺利开展的重要因素，选择好了事半功倍，否则就将功亏一篑。确定发射窗口的一个重要依据是天体间的相对位置，根据开普勒第二定理大致需要求解超越方程：$E-a\sin E=M$。通过测算，火星和地球距离最近的时候每 26 个月才出现一次，此时发射探测器最合适。一旦错过就要再等 26 个月，这对航天事业的发展无疑具有重要战略意义。

2020 年 7 月 23 日，我国首次火星探测任务“天问一号”在文昌航天发射场成功发射，2021 年 5 月 15 日，“天问一号”搭载的“祝融号”火星车成功实施火星着陆，迈出了我国星际探测的重要一步。“天问一号”是世界上首次通过一次发射完成对火星“绕、落、巡”三大任务的卫星，我国也成为了第二个独立掌握火星着陆巡视探测技术的国家，迈入深空探测领域世界先进行列。这也充分体现了中国航天人勇于挑战、追求卓越的拼搏精神，自立自强的中国智慧和创新能力，对建设航天强国、保障国家安全、提升国际影响力具有重要意义。

2．牛顿

“如果我能看得更远一些，那是因为我站在巨人的肩膀上。”

艾萨克•牛顿（1643—1727），英国著名的物理学家、数学家、天文学家，经典力学体系的奠基人，著有《流数法》《自然哲学的数学原理》等。

牛顿小时候并不是个聪明伶俐的孩子，他在学校里的功课都做得很差，而且身体也不好，性格沉默和爱做白日梦，几乎没有出众之处。他的超人才智是被一个野蛮的同学无理地在他身上踢了一脚而唤醒的！他跟那个同学打架而且打赢了，可是那个霸道的同学在功课上却远比牛顿好。于是牛顿便决心努力学习，誓要在功课上超越他，结果他不仅在皇家中学名列前茅，18 岁时还进入了剑桥大学的三一学院。牛顿的成功更多的是靠勤奋换来的。

1665 年，正当牛顿在剑桥大学完成了学士课程之际，欧洲却蔓延着恐怖的鼠疫，于是牛顿便回到故乡。在鼠疫蔓延的 18 个月内，牛顿并没有盲目恐慌，而是调整心态集中精力进行科学研究和科学实验。在这期间，他利用自制的三棱镜分析出太阳光的七种色彩，并发现了各单色光曲折率的差异；研究无限级数近似法，提出流数法和反流数法，也就是后人熟悉的微积分；深入探究微分和积分的关系，发现了广义二项式定理；发现任何两物体之间都存在引力，而此引力更与距离的平方成反比，总结出万有引力定律。牛顿的这几项重要贡献都是在故乡避疫期间完成的。在如何面对疫情等艰难时刻的问题上，牛顿为后人做了表率。

1687 年，牛顿发表了科学巨著《自然哲学的数学原理》，概括了他的前辈伽利略、笛卡儿、开普勒、惠更斯和胡克等人的研究成果，提出了万有引力和三大运动定律，首次创立了一个地面力学和天体力学统一的严密体系，在物理学、数学、天文学和哲学等领域都产生了巨大影响。

恩格斯说：“牛顿由于发现了万有引力定律而创立了科学的天文学，由于进行了光的分解而创立了科学的光学，由于建立了二项式定理和无限理论而创立了科学的数学，由于认识了力的本性而创立了科学的力学。”

爱因斯坦说：“在人类的历史上，能够结合物理实验、数学理论、机械发明成为科学艺术的人只有一位，那就是牛顿。”

第七章

常微分方程初值问题的数值解法

在科学研究和实际工程应用中，有效刻画客观事物间的内在联系具有重要意义。要得到直接描述变量间关系的函数表达式一般非常困难，而借助事物间遵循的客观规律和数学工具常常更容易建立变量及导数之间的关系式，也就是微分方程。微分方程广泛应用于物理、生物、海洋、经济、人口、电力等自然科学和社会科学领域，通过对微分方程的高效求解就可得到变量间的函数关系。但是，数学上只有几类特殊的常微分方程，如可分离变量的、可降阶的、常系数线性的微分方程可以精确求解得到表达式，实际应用中涉及的大部分微分方程都无法直接求解，最终要借助数值计算方法。本章介绍求解一阶常微分方程初值问题的常用数值解法，即欧拉法和龙格-库塔（Runge-Kutta）法，并给出一阶常微分方程组和高阶常微分方程的数值求解。

一、学习目标

掌握欧拉公式及龙格-库塔公式求解常微分方程的计算步骤；熟练 Python 求解过程。

二、案例引导

（1）人口问题事关国家稳定和社会发展，一直是各领域关注的焦点问题。人口的定量预测对国家的人口政策、宏观调控等方面至关重要。假设由于自然资源等环境因素的限制，人口增长率 r 是人口 x 的线性减函数，且当人口到达上限 M 时不再增加，则有 $r(x)=r_0(1-\frac{x}{M})$，因此可得到著名的 Logistic 人口模型

$$\begin{cases}\dfrac{\mathrm{d}x}{\mathrm{d}t}=r_0(1-\dfrac{x}{M})x\\ x(0)=x_0\end{cases}$$

这是研究人口问题的基础模型。值得一提的是，在 2022 年 7 月 11 日的世界人口日，联合国根据改进的人口增长模型曾预测 11 月 15 日全球人口将突破 80 亿关口，而当天的实际数据恰恰验证了这一预测结果的准确性。该一阶常微分方程还广泛应用于预测种群数量、经济增长规律等。

（2）传染病严重威胁人类健康和生命安全，是重要的卫生安全和社会问题。通过传染病的发病机理、传播特点、临床数据等建立数学模型对疫情防控意义重大。将人群分为易感者 S 、暴露者 E 、感染者 I 、康复者 R 四类，设易感者接触感染者后的被传染率为 β ，暴露者感染率为 σ ，感染者康复率为 γ ，人群自然死亡率为 α ，则经典的 SEIR 模型描述如下：

$$\begin{cases} \dfrac{\mathrm{d}S}{\mathrm{d}t} = -\alpha S - \beta \dfrac{SI}{N} \\ \dfrac{\mathrm{d}E}{\mathrm{d}t} = \beta \dfrac{SI}{N} - \alpha E - \sigma E \\ \dfrac{\mathrm{d}I}{\mathrm{d}t} = \sigma E - \alpha I - \gamma I \\ \dfrac{\mathrm{d}R}{\mathrm{d}t} = \gamma I - \alpha R \end{cases}$$

这是一类常用的传染病模型，对防疫政策和经济恢复措施的制定和调整起到重要指导作用。比如，钟南山院士团队在国内疫情暴发初期就发表了《基于 SEIR 优化模型和 AI 对公共卫生干预下的中国 COVID-19 发展趋势预测》，评估了我国防控措施的重要作用并预测了疫情的发展趋势。陈松蹊院士团队基于 SEIR 模型提出了改进的 vSIADR 模型，利用世界各国的公开数据分析了新型冠状病毒疫苗接种对感染保护的重要性，以及我国防疫政策的实施对控制疫情传播的显著成效。该一阶微分方程组在经济领域、网络舆情传播方面应用也很广泛。

三、知识链接

假设 $y(x)$ 是以下一阶常微分方程初值问题的解：

$$y'(x) = f(x, y), \qquad x \in [a, b] \tag{7.1}$$

$$y(a) = y_0$$

给定一系列离散点 $a = x_0 < x_1 < \cdots < x_N = b$ ，假设离散点均匀分布 $x_n = x_0 + nh$ ，$h = (b-a)/N$ 称为步长。所谓数值解就是求离散点 x_n 处精确解 $y(x_n)$ 的近似值 y_n 。

1.欧拉公式

1）基本原理

借助数值微分或者数值积分的思想近似求解方程（7.1），可得到几种常用的欧拉公式。具体地，在点 x_n 处，用向前差商近似式（7.1）左边的导数，可以得到

$$\frac{y(x_{n+1}) - y(x_n)}{h} \approx f(x_n, y(x_n))$$

将上式中的精确值 $y(x_n)$, $y(x_{n+1})$ 用近似值 y_n , y_{n+1} 代替，得到以下数值求解公式：

$$y_{n+1}=y_n+hf(x_n,y_n) \tag{7.2}$$

可以直接逐点求解 y_{n+1}，称其为显式欧拉公式。

此外，还可以将方程（7.1）在区间 $[x_n,x_{n+1}]$ 上积分，再借助左矩形公式近似右端积分，得

$$y(x_{n+1})-y(x_n)=\int_{x_n}^{x_{n+1}}f(x,y)\mathrm{d}x\approx hf(x_n,y(x_n))$$

这样也可以得到显式欧拉公式（7.2）。

若利用向后差商近似式（7.1）左边的导数，或者用右矩形公式近似积分，可以得到

$$y(x_{n+1})-y(x_n)\approx hf(x_{n+1},y(x_{n+1}))$$

仍然用近似值代替，得到以下数值求解公式：

$$y_{n+1}=y_n+hf(x_{n+1},y_{n+1}) \tag{7.3}$$

上式一般无法直接求解 y_{n+1}，称其为隐式欧拉公式。

类似地，若用梯形求积公式近似积分，可以得到以下梯形公式：

$$y_{n+1}=y_n+\frac{h}{2}(f(x_n,y_n)+f(x_{n+1},y_{n+1})) \tag{7.4}$$

若利用中心差商近似导数，可以得到以下数值求解公式：

$$y_{n+1}=y_{n-1}+2hf(x_n,y_n) \tag{7.5}$$

要解 y_{n+1}，需要用到 y_{n-1},y_n 两个点。称式（7.5）为两步欧拉公式，是一种多步法。

隐式欧拉公式（7.3）和梯形公式（7.4）都需要迭代求解，时间复杂度高。通常采用预估校正的方法加以改进，即用显式方法预估一个近似值，然后代入隐式公式右端，计算得到校正值，避免迭代。比如，借助显式欧拉公式预估和梯形公式校正，可以得到以下公式。

$$\text{预估：}\ \overline{y}_{n+1}=y_n+hf(x_n,y_n)\qquad \text{校正：}\ y_{n+1}=y_n+\frac{h}{2}(f(x_n,y_n)+f(x_{n+1},\overline{y}_{n+1})) \tag{7.6}$$

称为改进的欧拉公式。

2）算法步骤

（1）输入参数：函数 $f(x,y)$、求解区域 a 和 b、初值 y_0、步长 h。

（2）计算待求离散点个数 N，以及位置 x_n， $n=1,2,\cdots,N$。

（3）对 $n=1,2,\cdots$，针对不同的欧拉公式计算 y_n。

（4）返回数值解信息 (x_n,y_n)。

3）算法实现

例 7.1　给定初值问题

$$\begin{cases} y'(x) = y - \dfrac{2x}{y} \\ y(0) = 1 \end{cases}$$

取步长 $h = 0.1$，计算 $[0,1]$ 上的数值解。

（1）用显式欧拉公式求解的程序代码如下：

```
import numpy as np
def solve_function(x,y):
   return y-2*x/(y)
def euler(x0,xm,y0,h):
   step=int((xm-x0)/(h))
   x = np.arange(x0,xm+h,h)
   y = np.empty((len(x)))
   y[0] = y0
   for i in range(step):
      y[i+1]=y[i]+h*solve_function(x[i],y[i])
   return x,y
x0=0
xm=1
y0=1
h=0.1    #定义求解区间为[0,1]，步长为 0.1
x,y=euler(x0,xm,y0,h)
print(x,'\n',y)
```

输出结果如下：

```
[0. 0.1 0.2 0.3 0.4 0.5 0.6 0.7 0.8 0.9 1. ]
[1.0,  1.1,  1.1918181818181819,  1.2774378337147216,  1.3582125995602894,
1.4351329186577964,          1.5089662535663315,          1.5803382376552169,
1.6497834310477109, 1.7177793478600865, 1.7847708324979816]
```

（2）用隐式欧拉公式求解的程序代码如下：

```
import numpy as np
def solve_function(x,y):
   return y-2*x/(y)
def i_euler(x0,xm,y0,h):
   step=int((xm-x0)/(h))
   x = np.arange(x0,xm+h,h)
   y = np.empty((len(x)))
   y1 = np.empty(len(x))
   y[0] = y0
```

```
    y1[0] = y0+h*solve_function(x0,y0)  #迭代初值
    for i in range(step):
        y[i+1]=y[i]+h*solve_function(x[i],y1[i])
        y1[i+1]=y[i]+h*solve_function(x[i+1],y1[i])
    return x,y
x0=0
xm=1
y0=1
h=0.1   #定义求解区间为[0,1]，步长为 0.1
x,y=i_euler(x0,xm,y0,h)
y = y.tolist()
print(x,'\n',y)
```

输出结果如下：

```
[0. 0.1 0.2 0.3 0.4 0.5 0.6 0.7 0.8 0.9 1. ]
[1.0,   1.11,   1.200863749905382,   1.2852929863103522,   1.3648265947247853,
1.4404318220848882, 1.512846913437958, 1.5826655927876734, 1.6503872526111663,
1.7164501440190092, 1.7812548071952865]
```

（3）用梯形公式求解的程序代码如下：

```
import numpy as np
def solve_function(x,y):
    return y-2*x/(y)
def Trapezoid(x0,xm,y0,h):
    step=int((xm-x0)/(h))
    x = np.arange(x0,xm+h,h)
    y = np.empty((len(x)))
    y[0] = y0
    y1 = np.empty(len(x))
    y1[0]=y[0]+h*solve_function(x[0],y[0])
    print(y1[0])
    for                    i                    in                    range(step):
y1[i+1]=y[i]+h*0.5*(solve_function(x[i],y[i])+solve_function(x[i+1],y1[i]))
y[i+1]=y[i]+h*0.5*(solve_function(x[i],y[i])+solve_function(x[i+1],y1[i+1]))
    return x,y
x0=0
xm=1
y0= 1
h=0.1   #定义求解区间为[0,1]，步长为 0.1
x,y=Trapezoid(x0,xm,y0,h)
y = y.tolist()
print(x,'\n',y,)
```

输出结果如下：

```
[0. 0.1 0.2 0.3 0.4 0.5 0.6 0.7 0.8 0.9 1. ]
[1.0,     1.0956706100825762,     1.1832412056291346,     1.2646169062061807,
1.340934208890223, 1.4129998137039166, 1.481414309200095, 1.5466366196007482,
1.609023469226208, 1.668854864688077, 1.726351021021725]
```

（4）改进的欧拉公式求解的程序代码如下：

```
import numpy as np
def solve_function(x,y):
    return y-2*x/(y)
def E_plus(x0,xm,y0,h):
    step=int((xm-x0)/(h))
    x = np.arange(x0,xm+h,h)
    y = np.empty((len(x)))
    y[0] = y0
    for i in range(step):
        y1=y[i]+h*solve_function(x[i],y[i])
        y2=y[i]+h*solve_function(x[i+1],y1)
        y[i+1]=0.5*(y1+y2)
    return x,y
x0=0
xm=1
y0= 1
h=0.1   #定义求解区间为[0,1]，步长为 0.1
x,y=E_plus(x0,xm,y0,h)
y = y.tolist()
print(x,'\n',y,)
```

输出结果如下：

```
[0. 0.1 0.2 0.3 0.4 0.5 0.6 0.7 0.8 0.9 1. ]
[1.0,     1.095909090909091,     1.1840965692429972,     1.2662013608757763,
1.3433601514839986, 1.4164019285369094, 1.485955602415669, 1.5525140913261455,
1.6164747827520576, 1.6781663636751858, 1.7378674010354138]
```

要分析式（7.2）～式（7.6）的近似效果，需要考虑局部截断误差。记上述数值公式的一般形式为

$$y_{n+1} = y_n + h\varphi(x_n, y_n, x_{n+1}, y_{n+1})$$

假设等式右端每一部分都是精确的，这样计算得到的值与真解 $y(x_{n+1})$ 的误差就称为局部截断误差，记为

$$T_{n+1} = y(x_{n+1}) - y(x_n) - h\varphi(x_n, y(x_n), x_{n+1}, y(x_{n+1}))$$

如果算法的局部阶段误差为$T_{n+1}=O(h^{k+1})$，则称算法具有 k 阶精度。下面借助泰勒展开式给出上述各个方法的计算精度。

对于显式欧拉公式（7.2）：

$$\begin{aligned}T_{n+1}&=y(x_{n+1})-y(x_n)-hf(x_n,y(x_n))\\&=y(x_n)+hy'(x_n)+\frac{1}{2}h^2y''(x_n)+\cdots-y(x_n)-hy'(x_n)\\&=O(h^2)\end{aligned}$$

对于隐式欧拉公式（7.3）：

$$\begin{aligned}T_{n+1}&=y(x_{n+1})-y(x_n)-hf(x_{n+1},y(x_{n+1}))\\&=y(x_{n+1})-(y(x_{n+1})-hy'(x_{n+1})+\frac{1}{2}h^2y''(x_{n+1})+\cdots)-hy'(x_{n+1})\\&=O(h^2)\end{aligned}$$

对于梯形公式（7.4）：

$$\begin{aligned}T_{n+1}&=y(x_{n+1})-y(x_n)-\frac{1}{2}h\left[f(x_n,y(x_n))+f(x_{n+1},y(x_{n+1}))\right]\\&=\left[y(x_n)+hy'(x_n)+\frac{1}{2}h^2y''(x_n)+\frac{1}{6}h^3y'''(x_n)+\cdots\right]-y(x_n)-\\&\quad\frac{1}{2}hy'(x_n)-\frac{1}{2}h\left[y'(x_n)+hy''(x_n)+\frac{1}{2}h^2y'''(x_n)+\cdots\right]\\&=O(h^3)\end{aligned}$$

对于两步欧拉公式（7.5）：

$$\begin{aligned}T_{n+1}&=y(x_{n+1})-y(x_{n-1})-2hy'(x_n)\\&=\left[y(x_n)+hy'(x_n)+\frac{1}{2}h^2y''(x_n)+\frac{1}{6}h^3y'''(x_n)+\cdots\right]-2hy'(x_n)-\\&\quad\left[y(x_n)-hy'(x_n)+\frac{1}{2}h^2y''(x_n)-\frac{1}{6}h^3y'''(x_n)+\cdots\right]\\&=O(h^3)\end{aligned}$$

对于改进的欧拉公式（7.6）：

$$\begin{aligned}T_{n+1}&=y(x_{n+1})-y(x_n)-\frac{1}{2}h\left[y'(x_n)+f(x_{n+1},y(x_n)+hy'(x_n))\right]\\&=y(x_n)+hy'(x_n)+\frac{1}{2}h^2\left[f_x(x_n,y(x_n))+f_y(x_n,y(x_n))y'(x_n)\right]+\cdots-\\&\quad y(x_n)-\frac{1}{2}hy'(x_n)-\frac{1}{2}h\left[f_x(x_n,y(x_n))h+f_y(x_n,y(x_n))hy'(x_n)+\cdots\right]\\&=O(h^3)\end{aligned}$$

可以看出，显式欧拉和隐式欧拉公式都是一阶精度，梯形公式、两步欧拉公式和改进的欧拉公式都是二阶精度。图 7.1 所示为求解例 7.1 的数值结果与精确解的对比图，可以看出梯形公式和改进的欧拉公式明显近似得更好。

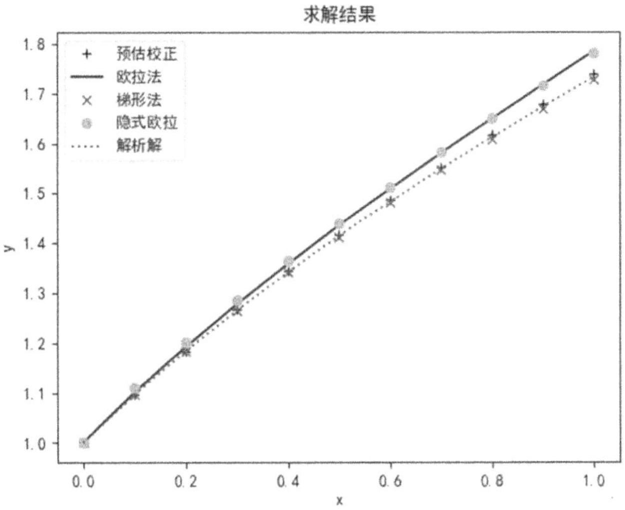

图 7.1 求解例 7.1 的数值结果与精确解的对比图

2. 龙格-库塔公式

1）基本原理

观察一阶显式欧拉公式（7.2）和二阶改进的欧拉公式（7.6）的形式。

显式欧拉公式：

$$y_{n+1} = y_n + hk_1$$

其中，$k_1 = f(x_n, y_n)$。

改进的欧拉公式：

$$y_{n+1} = y_n + \frac{h}{2}k_1 + \frac{h}{2}k_2$$

其中，$k_1 = f(x_n, y_n)$； $k_2 = f(x_n + h, y_n + hk_1)$。

上述公式都是利用 y_n 和函数 $f(x,y)$ 在若干点上值的线性组合去近似 y_{n+1}。显示欧拉公式是一阶精度，用了 $f(x,y)$ 在 1 个点的值。改进的欧拉公式是二阶精度，用了 $f(x,y)$ 在两个点的值。阶数越高的公式用的点越多。龙格-库塔公式推广了上述思想，通过待定系数法构造一类高精度的单步显示计算公式。一般形式如下：

$$y_{n+1} = y_n + h\sum_{i=1}^{J}\omega_i k_i$$

其中，$k_1 = f(x_n, y_n)$；

$$k_i = f(x_n + \alpha_i h, y_n + h\sum_{j=1}^{i-1}\beta_{ij}k_j)$$

$\omega_i, \alpha_i, \beta_{ij}$ 均为待定系数，选取依据是分析局部截断误差，使得数值解近似的精度足够高。

以二阶龙格-库塔公式为例，形式为

$$y_{n+1} = y_n + h\omega_1 k_1 + h\omega_2 k_2$$

其中，$k_1 = f(x_n, y_n)$；$k_2 = f(x_n + \alpha h, y_n + h\beta k_1)$。

局部截断误差为

$$\begin{aligned} T_{n+1} &= y(x_{n+1}) - y(x_n) - h\omega_1 f(x_n, y(x_n)) - h\omega_2 f\left[x_n + \alpha h, y(x_n) + h\beta f(x_n, y(x_n))\right] \\ &= y(x_n) + hy'(x_n) + \frac{1}{2}h^2\left[f_x + f_y f\right](x_n, y(x_n)) + \cdots - y(x_n) - h\omega_1 y'(x_n) - \\ &\quad h\omega_2 y'(x_n) - h\omega_2\left[\alpha h f_x + h\beta f_y f\right](x_n, y(x_n)) + \cdots \\ &= (1 - \omega_1 - \omega_2)hy'(x_n) + (\frac{1}{2} - \omega_2\alpha)h^2 f_x + (\frac{1}{2} - \omega_2\beta)h^2 f_y f + O(h^3) \end{aligned}$$

要达到二阶精度，则必须同时满足下面的关系：

$$\begin{cases} 1 - \omega_1 - \omega_2 = 0 \\ \dfrac{1}{2} - \omega_2\alpha = 0 \\ \dfrac{1}{2} - \omega_2\beta = 0 \end{cases}$$

上式为欠定方程组，有无穷多解。也就是说，二阶龙格-库塔公式有多种形式。

常用的参数取值为 $(\omega_1, \omega_2, \alpha, \beta) = (\frac{1}{2}, \frac{1}{2}, 1, 1)$，即

$$y_{n+1} = y_n + \frac{1}{2}hk_1 + \frac{1}{2}hk_2$$

其中，$k_1 = f(x_n, y_n)$；$k_2 = f(x_n + h, y_n + hk_1)$。此时得到的正是改进的欧拉公式。

另一种常用的参数取值为 $(\omega_1, \omega_2, \alpha, \beta) = (0, 1, \frac{1}{2}, \frac{1}{2})$，即

$$y_{n+1} = y_n + hk_2$$

其中，$k_1 = f(x_n, y_n)$；$k_2 = f(x_n + \frac{1}{2}h, y_n + \frac{1}{2}hk_1)$。此时得到的是中点公式。

同样可以推导三阶龙格-库塔公式，

$$y_{n+1} = y_n + h\left(\omega_1 k_1 + \omega_2 k_2 + \omega_3 k_3\right)$$

其中，$k_1 = f(x_n, y_n)$；$k_2 = f(x_n + \alpha_2 h, y_n + \beta_2 hk_1)$；$k_3 = f(x_n + \alpha_3 h, y_n + \beta_{31}hk_1 + \beta_{32}hk_2)$。

类似的推导过程，要达到三阶精度必须同时满足下面的关系：

$$1-\omega_1-\omega_2-\omega_3=0,\quad \alpha_2-\beta_2=0,\quad \alpha_3-\beta_{31}-\beta_{32}=0$$

$$\omega_2\alpha_2+\omega_3\alpha_3-\frac{1}{2}=0,\quad \omega_2\alpha_2^2+\omega_3\alpha_3^2-\frac{1}{3}=0,\quad \omega_3\alpha_2\beta_{32}-\frac{1}{6}=0。$$

常用的三阶龙格-库塔公式为

$$\begin{cases} y_{n+1}=y_n+\frac{1}{6}h(k_1+4k_2+k_3) \\ k_1=f(x_n,y_n) \\ k_2=f(x_n+\frac{1}{2}h,y_n+\frac{1}{2}hk_1) \\ k_3=f(x_n+h,y_n-hk_1+2hk_2) \end{cases} \tag{7.6}$$

另外，常用的四阶龙格-库塔公式为

$$\begin{cases} y_{n+1}=y_n+\frac{1}{6}h(k_1+2k_2+2k_3+k_4) \\ k_1=f(x_n,y_n) \\ k_2=f(x_n+\frac{1}{2}h,y_n+\frac{1}{2}hk_1) \\ k_3=f(x_n+\frac{1}{2}h,y_n+\frac{1}{2}hk_2) \\ k_4=f(x_n+h,y_n+hk_3) \end{cases} \tag{7.7}$$

2）算法步骤

三阶龙格-库塔算法步骤如下。

（1）输入参数：函数 $f(x,y)$、求解区域 a 和 b、初值 y_0、步长 h。计算待求离散点的位置 x_n。

（2）判断输入参数的合理性。

（3）对 $n=1,2,\cdots$，计算下列公式：

$$k_1=f(x_n,y_n),\qquad k_2=f(x_n+\alpha_2h,y_n+\beta_2hk_1)$$

$$k_3=f(x_n+\alpha_3h,y_n+\beta_{31}hk_1+\beta_{32}hk_2)$$

$$y_{n+1}=y_n+h(\omega_1k_1+\omega_2k_2+\omega_3k_3)$$

（4）返回数值解信息 (x_n,y_n)。

3）算法实现

用三阶龙格-库塔公式求解例 7.1 的程序代码如下：

```
import numpy as np
from fractions import Fraction
import matplotlib.pyplot as plt
def solve_function(x,y):
    return y-2*x/(y)
def parameter(c1,c2,c3,lam2,lam3,mu21,mu31,mu32):
    if c2*lam2+c3*lam3 == 1/2 and c2*lam2*lam2+c3*lam3*lam3 == 1/3 and lam3 ==
mu31+mu32 and c3*lam2*mu32 == 1/6 and lam2 == mu21 and c1+c2+c3 == 1 :
        return c1,c2,c3,lam2,lam3,mu21,mu31,mu32
    else:
        print("请重新输入参数！")
        exit()
def rungekutta3(x0,xm,y0,h):
c11,c21,c31,lam21,lam31,mu211,mu311,mu321=parameter(c1,c2,c3,lam2,lam3,mu21,m
u31,mu32)
    step=int((xm-x0)/(h))
    x = np.arange(x0,xm+h,h)
    y = np.zeros(len(x))
    y[0] = y0
    for i in range(step):
        K1 = solve_function(x[i],y[i])
        K2 = solve_function(x[i]+lam21*h,y[i]+mu211*h*K1)
        K3 = solve_function(x[i]+lam31*h,y[i]+mu311*h*K1+mu321*h*K2)
        y[i+1]=y[i]+h*(c11*K1+c21*K2+c31*K3)
    return x,y
c1=Fraction(1,6)
c2=Fraction(4,6)
c3=Fraction(1,6)
lam2 = 1/2
lam3 = 1
mu21 = 1/2
mu31 = -1
mu32 = 2
x0=0
xm=1
y0=1
h=0.1
c1,c2,c3,lam2,lam3,mu21,mu31,mu32                                              =
parameter(c1,c2,c3,lam2,lam3,mu21,mu31,mu32)
x,y=rungekutta3(x0,xm,y0,h)
print(x,'\n',y)
```

输出结果如下：

```
[0.  0.1 0.2 0.3 0.4 0.5 0.6 0.7 0.8 0.9 1. ]
 [1.    1.09544457 1.183217    1.26491479 1.34164791 1.41422468 1.48325543
1.54921439 1.61247876 1.67335444 1.7320936 ]
```

另外，构造求解微分方程的数值算法时，还需要考虑算法的收敛性和稳定性。

对任一固定的点 x_n，若 $h \to 0$，$y_n \to y(x_n)$，则称算法是收敛的。对于方程（7.1），如果右端 f 关于 y 满足利普希茨（Lipschitz）条件，即存在常数 L 对任意 y_1, y_2 都有

$$|f(x,y_1) - f(x,y_2)| \leqslant L|y_1 - y_2|$$

那么可以证明上面提到的各种欧拉公式和龙格-库塔公式都是收敛的。

稳定性是指算法能够保证计算机的计算误差不会恶性传播。即当计算数值解 y_n 时，计算机的舍入误差等带来的扰动为 δ_n，而在计算后面每一个点 y_m 时产生的扰动均不超过 δ_n，则称算法是稳定的。

对于一阶常微分方程，通常用模型方程

$$y' = \lambda y \tag{7.8}$$

去讨论数值算法的稳定性，其中 $\lambda < 0$。实际上，令 $\lambda = \partial f(x,y)/\partial y$，方程（7.1）容易转化为上述形式。能够使得算法稳定的允许范围 h 称为稳定区间。

各种算法的收敛精度及稳定区间如表 7.1 所示。

表 7.1　各种算法的收敛精度及稳定区间

数值算法	收敛精度	基于模型方程（7.8）的稳定区间
显式欧拉公式	一阶	$0 < h < -2/\lambda$
隐式欧拉公式	一阶	$h > 0$
梯形公式	二阶	$h > 0$
改进的欧拉公式	二阶	$0 < h < -2/\lambda$
二阶龙格-库塔公式	二阶	$0 < h < -2/\lambda$
三阶龙格-库塔公式	三阶	$0 < h < -2.51/\lambda$
四阶龙格-库塔公式	四阶	$0 < h < -2.78/\lambda$

值得注意的是，上述求解方法主要适用于非刚性问题。

3．一阶常微分方程组

将未知量看成向量，则前面的算法均可推广到方程组的情形。下面以两个方程为例，考虑以下一阶常微分方程组问题：

$$\begin{cases} y' = f_1(x,y,z) \\ z' = f_2(x,y,z) \quad , \quad x \in [a,b] \\ y(a) = y_0, \ z(a) = z_0 \end{cases} \tag{7.9}$$

令 $\boldsymbol{y} = (y,z)$，$\boldsymbol{y}_0 = (y_0, z_0)$，$\boldsymbol{f} = (f_1, f_2)$，则上述方程组就表述为式（7.1）的形式

$$\boldsymbol{y}'(x) = \boldsymbol{f}(x, \boldsymbol{y}) \quad x \in [a,b]$$

$$\boldsymbol{y}(a) = \boldsymbol{y}_0$$

容易得到类似式（7.2）至式（7.7）的数值计算方法。比如，求解式（7.9）的改进的欧拉公式。

预估：

$$\overline{\boldsymbol{y}}_{n+1} = \boldsymbol{y}_n + h\boldsymbol{f}(x_n, \boldsymbol{y}_n)$$

校正：

$$\boldsymbol{y}_{n+1} = \boldsymbol{y}_n + \frac{h}{2}(\boldsymbol{f}(x_n, \boldsymbol{y}_n) + \boldsymbol{f}(x_{n+1}, \overline{\boldsymbol{y}}_{n+1}))$$

分量形式如下。

预估：

$$\overline{y}_{n+1} = y_n + hf_1(x_n, y_n, z_n)$$
$$\overline{z}_{n+1} = z_n + hf_2(x_n, y_n, z_n)$$

校正：

$$y_{n+1} = y_n + \frac{h}{2}(f_1(x_n, y_n, z_n) + f_1(x_{n+1}, \overline{y}_{n+1}, \overline{z}_{n+1})) \tag{7.10}$$

$$z_{n+1} = z_n + \frac{h}{2}(f_2(x_n, y_n, z_n) + f_2(x_{n+1}, \overline{y}_{n+1}, \overline{z}_{n+1}))$$

求解方程组（7.9）的三阶龙格-库塔公式为

$$\begin{cases} \boldsymbol{y}_{n+1} = \boldsymbol{y}_n + \frac{1}{6}h(k_1 + 4k_2 + k_3) \\ k_1 = \boldsymbol{f}(x_n, \boldsymbol{y}_n) \\ k_2 = \boldsymbol{f}(x_n + \frac{1}{2}h, \boldsymbol{y}_n + \frac{1}{2}hk_1) \\ k_3 = \boldsymbol{f}(x_n + h, \boldsymbol{y}_n - hk_1 + 2hk_2) \end{cases} \tag{7.11}$$

分量形式如下：

$$
\begin{cases}
y_{n+1} = y_n + \dfrac{1}{6}h(k_1 + 4k_2 + k_3) \\
z_{n+1} = z_n + \dfrac{1}{6}h(l_1 + 4l_2 + l_3) \\
k_1 = f_1(x_n, y_n, z_n) \\
l_1 = f_2(x_n, y_n, z_n) \\
k_2 = f_1(x_n + \dfrac{1}{2}h, y_n + \dfrac{1}{2}hk_1, z_n + \dfrac{1}{2}hl_1) \\
l_2 = f_2(x_n + \dfrac{1}{2}h, y_n + \dfrac{1}{2}hk_1, z_n + \dfrac{1}{2}hl_1) \\
k_3 = f_1(x_n + h, y_n - hk_1 + 2hk_2, z_n - hl_1 + 2hl_2) \\
l_3 = f_2(x_n + h, y_n - hk_1 + 2hk_2, z_n - hl_1 + 2hl_2)
\end{cases}
$$

4．高阶常微分方程

1）基本原理

n 阶常微分方程初值问题如下：

$$y^{(n)} = f(x, y, y', \cdots, y^{(n-1)})\text{，}\quad x \in [a,b]$$

$$y(a) = y_0\text{，}\quad y'(a) = y_0'\text{，}\cdots\text{，}\quad y^{(n-1)}(a) = y_0^{(n-1)} \tag{7.12}$$

令 $y_1 = y'$，$y_2 = y''$，…，$y_{n-1} = y^{(n-1)}$，则上述高阶方程转化为以下等价一阶方程组：

$$
\begin{cases}
y' = y_1 \\
y_1' = y_2 \\
\quad\vdots \\
y_{n-1}' = f(x, y, y_1, \cdots, y_{n-1})
\end{cases}
$$

类似式（7.9）容易对其构造各种欧拉公式和龙格-库塔公式等数值计算方法。

2）算法实现

例 7.2　求解以下二阶微分方程：

$$y'' = y'\cos x + y^2 - y - 1$$

$$y(0) = 0\text{，}\quad y'(0) = 1$$

解：令 $z = y'$，则上式等价为

$$\begin{cases} y' = z \\ z' = z\cos x + y^2 - y - 1 \\ y(0) = 0,\ z(0) = 1 \end{cases}$$

对比式（7.9），相当于 $f_1(x,y,z) = z$， $f_2(x,y,z) = z\cos x + y^2 - y - 1$。三阶龙格-库塔公式为

$$\begin{cases} y_{n+1} = y_n + \frac{1}{6}h(k_1 + 4k_2 + k_3) \\ z_{n+1} = z_n + \frac{1}{6}h(l_1 + 4l_2 + l_3) \\ k_1 = z_n \\ l_1 = z_n\cos x_n + y_n^2 - y_n - 1 \\ k_2 = z_n + \frac{1}{2}hl_1 \\ l_2 = (z_n + \frac{1}{2}hl_1)\cos(x_n + \frac{1}{2}h) + (y_n + \frac{1}{2}hk_1)^2 - (y_n + \frac{1}{2}hk_1) - 1 \\ k_3 = z_n - hl_1 + 2hl_2 \\ l_3 = (z_n - hl_1 + 2hl_2)\cos(x_n + h) + (y_n - hk_1 + 2hk_2)^2 - (y_n - hk_1 + 2hk_2) - 1 \end{cases}$$

求解的程序代码如下：

```
import numpy as np
import matplotlib.pyplot as plt
def f(x,y,z):
    return z
def g(x,y,z):
    return z*np.cos(x)+y**2-y-1
def real(x):
    return np.sin(x)
def runge3(x0,y0,z0,xm,h):
    step = int((xm-x0)/h)
    x = np.arange(x0,xm+h,h)
    y = np.zeros(len(x))
    y[0] = y0
    z = np.zeros(len(x))
    z[0] = z0
    for i in range(step):
        k1 = f(x[i],y[i],z[i])
        l1 = g(x[i],y[i],z[i])
        k2 = f(x[i]+h/2,y[i]+h/2*k1,z[i]+h/2*l1)
        l2 = g(x[i]+h/2,y[i]+h/2*k1,z[i]+h/2*l1)
        k3 = f(x[i]+h,y[i]-h*k1+2*h*k2,z[i]-h*l1+2*h*l2)
        l3 = g(x[i]+h,y[i]-h*k1+2*h*k2,z[i]-h*l1+2*h*l2)
```

```
        y[i+1] = y[i]+h/6*(k1+4*k2+k3)
        z[i+1] = z[i]+h/6*(l1+4*l2+l3)
    return x,y,z
x0 = 0
xm = 1    #定义求解区间为[0,1]
y0 = 0
z0 = 1
h = 0.1  #定义求解步长为 0.1
x1,y1,z1 = runge3(x0,y0,z0,xm,h)
print(x1,'\n',y1,'\n',z1)  #输出 x 的值, y 的值, y 的导数值
x = np.linspace(0, 1, 10)
plt.figure()
plt.plot(x, real(x), label='analytical solution')
plt.plot(x1,y1,'ro',label='numerical solution')
plt.title("solve")
plt.legend()
plt.xlabel('x')
plt.ylabel('y(x)')
plt.show()
```

输出结果如下：

```
[0.  0.1 0.2 0.3 0.4 0.5 0.6 0.7 0.8 0.9 1. ]
[0.    0.0998375   0.19867723 0.29553173 0.3894334   0.47944415 0.56466479
0.64424399 0.7173868  0.78336258 0.84151229]
[1.  0.99500507 0.9800682   0.95533891 0.9210645   0.87758765 0.82534295
0.76485256 0.69672102 0.62162916 0.54032734]
```

图 7.2 所示为例 7.2 的数值解与精确解的对比图

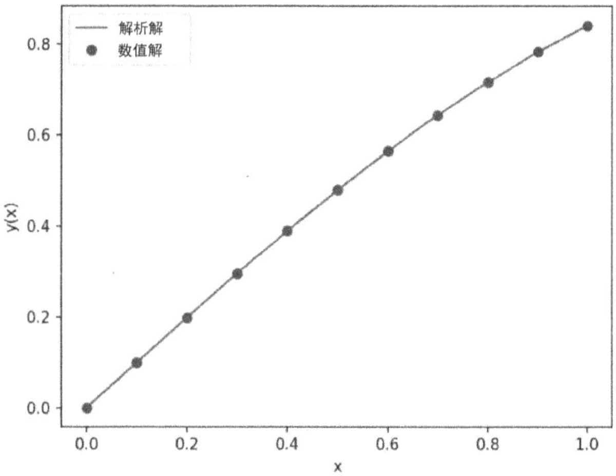

图 7.2　例 7.2 的数值解与精确解的对比图

5. Python 库函数求解

Python 的 scipy.integrate 模块提供了函数 solve_ivp 和 odeint，可直接用于数值求解上述各类常微分方程。

1）solve_ivp

solve_ivp 的调用格式如下：

```
scipy.integrate.solve_ivp(fun, t_span, y0, method='RK45', t_eval=
None, dense_output=False, events=None, vectorized=False, args=Non
e, **options)
```

涉及的输入参数如下。

fun：所要解的方程或方程组的右端函数。格式为 fun(t,y)，其中自变量 t 为标量。待求变量 y 有两种选项，一种形如(n,)，即 fun 返回(n,)形式的数组对象；一种形如(n,k)，即 fun 返回(n,k)形式的数组对象，每列与 y 的每一列相对应。

t_span：自变量 t 的求解区间(t0,tf)。

y0：求解初值，是(n,)形式的数组对象。

method：求解格式。选择参数如下。

（1）'RK45'：误差具有四阶精度，使用五阶龙格-库塔法求解，是求解器的默认方法。

（2）'RK23'：误差具有二阶精度，使用三阶龙格-库塔法求解。

（3）'DOP853'：使用八阶显示龙格-库塔法求解，运用了精确到 7 阶的插值多项式进行求解。

（4）'Radau'：误差具有三阶精度，使用 Radau IIA 5 阶家族的隐式龙格-库塔法求解。

（5）'BDF'：基于用向后微分公式逼近导数的隐式多步变阶法（1 至 5 阶），步长恒定。

（6）'LSODA'：具有自动刚度检测和切换功能的 Adams/BDF 方法。此方法是 Fortran 求解器 ODEPACK 的封装。

t_eval：取值范围在 t_span 内点序列，对应序列值下的解就会被保存，此项默认为 None。

dense_output：是否计算连续解，默认为 False。该选项与画图相关，若要画图，则赋值为 True。

Events：要跟踪的事件，默认值为 None。该参数在值为 True 时默认求解出所有的零点。

terminal：布尔型变量，表示如果发生此事件，是否终止求解。如果未指定，那么默认为 False。

direction：过零方向。如果方向是正，那么 events 从负值变为正值时触发，反之亦然，如果为 0，那么任意方向都会触发 events。默认为 0。

vectorized：fun 是否向量化形式实现，默认为 False。

args：传入参数值，必须与定义求解函数的参数保持一致。

**options：可选参数，如 rtol 和 atol，分别表示相对误差与绝对误差。求解器使局部保持小于 atol+rtol*abs(y)。rtol 默认值为 1e-3，atol 默认值为 1e-6。

函数返回信息如下。

t：返回定义的自变量的值。

y：返回与 t 相对应的求解值。

sol：返回 OdeSolution 插值得到的连续值，如果 dense_output 设置为 False，则无该返回值。

t_events：返回 events 中的自变量的值。

y_events：返回 events 中与 t 相对应的求解值。

status：-1 代表求解失败，0 代表求解成功，1 代表发生终止条件。

success：当 status≥0 时，success 返回 True。

模块化求解例 7.1 的隐式欧拉法的代码如下：

```
import numpy as np
import matplotlib.pyplot as plt
from scipy import integrate
def f(x,y):
    return y-2*x/(y)
def s(x):
    return np.sqrt(2*x+1)
result = integrate.solve_ivp(f,(0,1),[1],method='BDF',dense_output=True)
print(result)
x = np.linspace(0,1,10)
plt.plot(x,s(x),'ro',label='analytical solution')
plt.plot(x,result.sol(x)[0],label='numerical solution')
plt.legend()
plt.xlabel('x')
plt.ylabel('y(x)')
plt.show()
```

输出结果如下：

```
message: 'The solver successfully reached the end of the integration interval.'
     nfev: 21
     njev: 1
      nlu: 5
      sol:        <scipy.integrate._ivp.common.OdeSolution        object        at
0x000001DB1039A200>
   status: 0
  success: True
```

```
 t: array([0.        , 0.00316386, 0.00632772, 0.0379663, 0.06960488,  0.2031955,
0.33678612, 0.47037674, 0.76854475, 1.        ])
 t_events: None
 y: array([[1.        , 1.00315544, 1.00630123, 1.03694284, 1.06672293,
     1.18535871, 1.29344807, 1.39316918, 1.59192808, 1.73043345]])
 y_events: None
```

模块化求解例 7.2 的三阶龙格-库塔算法的代码如下：

```
import numpy as np
from scipy.integrate import solve_ivp
import matplotlib.pyplot as plt

def f(t,y):
   x,z = y
   return [z,z*np.cos(t)+x**2-x-1]

def real(x):
   return np.sin(x)

sol = solve_ivp(f, [0,1], [0, 1], method='RK23',dense_output=True)
t = np.linspace(0,1,10)
print(sol)
plt.figure()
plt.plot(t, real(t), label='analytical solution')
plt.plot(t,sol.sol(t)[0],'ro',label='numerical solution')
plt.title("solve")
plt.legend()
plt.xlabel('x')
plt.ylabel('y(x)')
plt.show()
```

输出结果如下：

```
message: 'The solver successfully reached the end of the integration interval.'
nfev: 23
njev: 0
nlu: 0
sol: <scipy.integrate._ivp.common.OdeSolution object at 0x00000180F3566770>
status: 0
success: True
t: array([0.00000000e+00, 9.99000999e-04, 1.09890110e-02, 9.48777279e-02,
2.60700072e-01, 4.90422591e-01, 7.73840521e-01, 1.00000000e+00])
t_events: None
y: array([[0.00000000e+00, 9.99000833e-04, 1.09887902e-02, 9.47374556e-02,
2.57787172e-01, 4.71124064e-01, 6.99244287e-01, 8.41994517e-01],
```

```
[1.00000000e+00, 9.99999501e-01, 9.99939621e-01, 9.95502719e-01,
9.66218573e-01, 8.82200582e-01, 7.15521630e-01, 5.40775827e-01]])
y_events: None
```

图 7.3 所示为模块化求解例 7.2 的数值解与精确解的对比图。

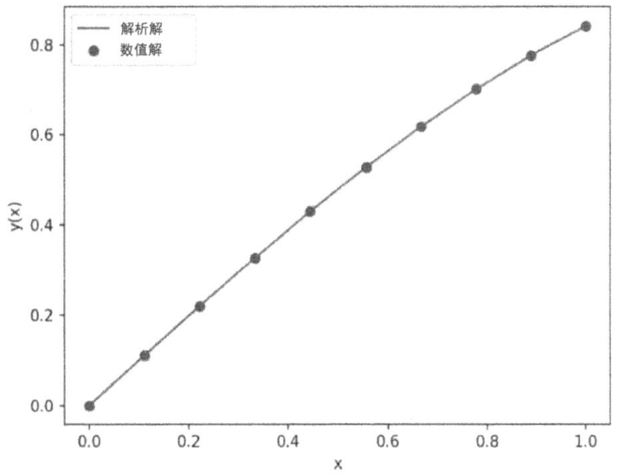

图 7.3 模块化求解例 7.2 的数值解与精确解的对比图

2）odeint

函数 odeint 的调用格式如下：

```
scipy.integrate.odeint(func, y0, t, args=(), Dfun=None, col_deriv=0, full_out
put=0, ml=None, mu=None, rtol=None, atol=None, tcrit=None, h0=0.0, hmax=0.0,
hmin=0.0, ixpr=0, mxstep=0, mxhnil=0, mxordn=12, mxords=5, printmessg=0, tfir
st=False)
```

涉及的主要输入参数如下。

func：所要解的方程或方程组的右端函数。定义方程类型有两种，一种是 func(y,t)，另一种为 func(t,y)，如果我们定义的方程为 func(t,y) ，那么参数 tfirst 必须为 True。

y0：求解初值，是(n,)形式的数组对象。

t：自变量的一个点序列。初始值点为该序列的首元素。

args：传递 func 中的参数值，参数应与 func 中的保持一致。

Dfun：func 的梯度，如果定义的方程是 func(t,y) ，那么参数 tfirst 必须为 True。

rtol, atol：分别是控制求解误差的相对误差与绝对误差。默认值为 1.49012e-8，参数既可以是标量，又可以是和 y 长度相同的向量。

函数返回信息如下。

y：输出求解值。数据类型为数组，形状为(len(t),len(y0))。

Infodict：字典型数据。当 full_output == True 时才有返回值。

值得注意的是，在运用 odeint 求解高阶微分方程时，我们所求解的返回值中的函数阶数顺序应该与定义的初始值的阶数顺序保持一致。

四、巩固训练

1．用显式欧拉公式、隐式欧拉公式、改进的欧拉公式求解初值问题 $y'=-y+x+1$，$y(0)=1,\ h=0.1$，比较 $x\in[0,1]$ 上与真解 $y=\mathrm{e}^{-x}+x$ 的误差。

2．物体无阻尼自由振动，其满足以下微分方程：

$$\frac{\mathrm{d}^2x}{\mathrm{d}t^2}+k^2x=0$$

其在初值位置 $x(0)=x_0$、初始速度 $x'(0)=v_0$ 时的精确解为 $x=x_0\cos kt+\frac{v_0}{k}\sin kt$。试用二阶、三阶、四阶龙格-库塔公式分别求解，比较其误差及稳定性。

3．1963 年，气象学家洛伦兹将空气流动的动力系统描述为以下形式的耗散系统：

$$\begin{cases}\dfrac{\mathrm{d}x}{\mathrm{d}t}=\sigma(y-x)\\ \dfrac{\mathrm{d}y}{\mathrm{d}t}=rx-y-xz\\ \dfrac{\mathrm{d}z}{\mathrm{d}t}=xy-\beta z\end{cases}$$

该式称为洛伦兹方程。其中，σ 为普朗特数；r 为瑞利数；β 为方向比。给定 $\sigma=10$，$r=28$，$\beta=8/3$，初始位置 $(x_0,y_0,z_0)=(0,1,0)$，分别用欧拉法和龙格-库塔法计算直至 T=50 的运动轨迹，观察其混沌性。

4．波浪能作为可再生资源在能源利用及经济发展方面具有可观的应用前景。根据波浪能装置的运动机理，设计高效的阻尼器，对提高波浪能装置的能量转换效率至关重要。波浪能装置由浮子、振子、能量输出系统（PTO，弹簧和阻尼器）组成，浮子由质量均匀的圆柱和圆锥体组成，圆柱形的振子安装在浮子内部的支撑面上，并在固定的中轴上运动，依靠与浮子的相对运动带动阻尼器做功，并输出能量。如何借助微分方程准确描述振子和浮子的运动状态，如何安装合适的阻尼器，成为有效利用波浪能的关键问题。

初始时刻浮子和振子平衡于静水中。当波浪能装置运动时，整体会受到重力、海水浮力、波浪激励力、附加惯性力、兴波阻尼力和静水恢复力等影响。其中，重力方向竖直向下；海水浮力方向竖直向上；波浪激励力大小及方向是以一种余弦函数形式呈现的（$f\cos wt$，f 为激励力振幅，w 为波浪频率），在浮体加速度向上时，波浪激励力为其提供一个竖直向上的力；附加惯性力就是使浮体在海水中获得加速度所需要施加的额外的力，因此当加速度方向向上时，附加惯性力方向也向上。兴波阻尼力与摇荡运动的速度成正比，方向相反。振子运动过程中，受到了重力、阻尼力和弹簧弹力三个作用力的共同影响。其中，振子受到竖直向下的重力。弹簧弹力与弹簧压缩伸展的方向有关，直线阻尼器的阻尼力与浮子和振子的相对速度成正比。浮子运动受力分析（左）和振子运动受力分析（右）如图 7.4 所示。

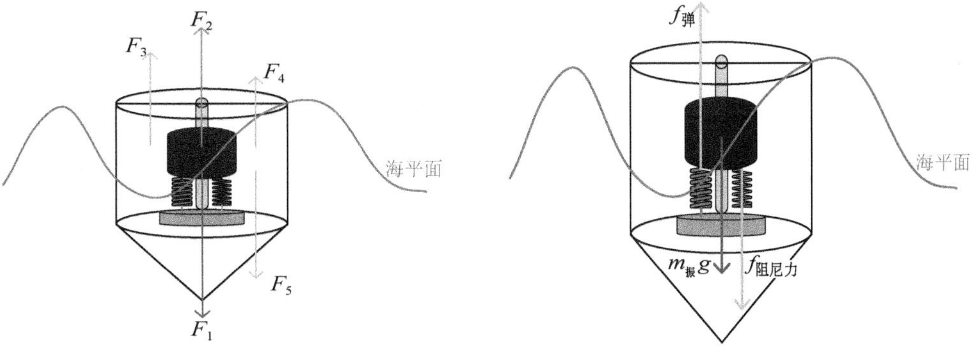

图 7.4　浮子运动受力分析（左）和振子运动受力分析（右）

给定：浮子质量为 4800kg，振子质量为 2400kg，浮子底半径为 1m，浮子圆柱部分的高为 3m，圆锥部分的高为 0.8m，内部振子半径为 0.5m，高为 0.5m，海水密度为 1025kg/m^3，附加质量为 1335kg，兴波阻尼系数为 656Ns/m，激励力振幅为 6250N，入射波浪频率为 1.4/s，弹簧刚度为 80000N/m，直线阻尼器阻尼系数为 10000Ns/m。分别建立浮子和振子的运动方程并求数值求解，画出浮子速度和位移的变化图，以及振子速度和位移的变化图。（题材选自 2022 年全国大学生数学建模竞赛 A 题）

五、拓展阅读

1. 欧拉

欧拉（1707—1783），瑞士巴塞尔人，与阿基米德、牛顿、高斯并列为数学史上最伟大的四位数学家。欧拉在 15 岁时大学毕业，16 岁硕士毕业，一生完成了 800 多篇论文和著作，成果涉及分析学、数论、力学等诸多领域，是历史上最多产的数学家。更重要的是，他把数学全方位地应用到实际的物理问题，如天文、航海、梁桥、光学、热学、流体力学等。《无穷小分析引论》《微分学原理》《积分学原理》都是里程碑式的经典著作。$f(x)$, e, i, π, sin, cos, Σ 等我们习以为常的数学符号都是欧拉首次引入的。欧拉还具有非凡的记忆力并擅长心算，法国天文学家阿拉戈称赞“欧拉计算毫不费力，就像人呼吸或者鹰在风中保持平衡一样”。

天才在于勤奋，28 岁时为了赢得巴黎天文大奖，欧拉连续工作了三天三夜解决了其他数学家认为需要几个月才能解决的难题，过度劳累也导致其右眼失明。60 岁时，左眼又因为白内障失明。欧拉在双目失明的情况下仍坚持数学研究，失明的 17 年间以惊人的意志力完成了 400 多篇论文。数学家欧拉的故事启示我们在学习和工作过程中要不怕困难，要有勇往直前的勇气和信心，一直保持上进心，努力奋斗，正所谓“一分耕耘一分收获”。

2. 冯康

冯康（1920—1993），浙江绍兴人，中国科学院院士。中国计算数学的领路人和开拓者，中国有限元法创始人。他与陈省身、华罗庚并称“中国数学三驾马车”。

20 世纪 60 年代初，在解决我国首座百万千瓦级水电站——刘家峡水电站相关计算问题时，冯康独立于西方提出求解偏微分方程的有限元方法。1965 年，他发表了《基于变分原理的差分格式》一文，被国际学术界视为中国独立发展有限元法的重要里程碑。有限元方法为科学与工程计算提供了新的数值解法和理论，时至今日仍是计算数学的主流研究方向，设计制造等行业已经离不开有限元法的模拟仿真。

20 世纪 70 年代，冯康对传统的椭圆方程归化为边界积分方程的理论做出了重要贡献，提出了自然边界元方法，成为国际边界元方法的三大流派之一。20 世纪 80 年代，冯康在以哈密顿方程和波动方程为主的动态问题研究中开创哈密尔顿系统的辛几何算法，解决了动力学长期预测计算方法的问题。冯康积极倡导并推动计算数学科学与国家战略需求紧密结合，推动科学与工程计算在大型水坝、核武器、数学天气预报等领域的应用。

冯康的开创性成果先后获得全国自然科学二等奖、科技进步二等奖、国家自然科学一等奖等。他创办了三个计算数学杂志，即《计算数学》《数值计算与计算机应用》和 *Journal of Computational Mathematics*，为我国计算数学的学术交流和人才培养做出了重要贡献。

冯康是具有理想高远、作风扎实、独立自主、无私奉献的科学家。1994 年，中国科学院计算数学与科学工程计算研究所设立冯康科学计算奖，用于纪念中国科学院院士冯康，每两年评选一次，旨在奖励在科学计算领域做出突出贡献的海内外年龄低于 45 岁的华人科学家。

第八章

矩阵特征值计算

特征值和特征向量在生态系统、动力系统、工程技术、经济学、量子力学等领域有着广泛的应用。图像压缩、人脸识别、数据挖掘、机器学习常用的奇异值分解和主成分分析等领域都涉及求特征值和特征向量。数学上先通过直接求矩阵特征方程的根得到特征值，再对每个特征值对应的齐次方程组求解得到特征向量。该方法涉及行列式的计算和方程组求解，当矩阵规模比较大时计算的代价非常高且不切实际。另外，实际应用中有时只关心模最大特征值，有时只关心模最小特征值或部分特征值且矩阵规模往往较大。本章介绍求解计算矩阵特征值的有效数值计算方法，其中包括求模最大特征值的幂法、求模最小特征值的反幂法、求某一特定范围特征值的基于原点平移的反幂法，以及求全部特征值的 QR 方法。

一、学习目标

掌握求矩阵特征值的幂法、反幂法、QR 方法的基本思想；熟悉 Python 求解实际问题。

二、案例引导

从 20 世纪末开始，Google 就成为最成功的搜索引擎，总能快速准确地搜索出用户想要的信息。与其他搜索引擎相比，其一骑绝尘的奥秘就取决于 PageRank 算法。该算法通过量化网页的重要性，按照优先级排名，展现给用户令其满意的信息。基本的数学工具就是特征值和特征向量。网页的重要性或得分取决于其他网页到该网页的链接。考虑简单情况，以 4 个网页为例，假设相互之间的链接如图 8.1 所示。

记 4 个网页的重要性得分为 x_1, x_2, x_3, x_4。箭头代表链接方向，同一个网页出发的链接赋予相同的权重，每个网页得分取决于指向它的所有链接得分的和。因此，我们可以得到

$$x_1 = \frac{1}{2}x_2 + \frac{1}{2}x_3, \quad x_2 = \frac{1}{2}x_3 + \frac{1}{2}x_4, \quad x_3 = \frac{1}{2}x_4, \quad x_4 = x_1 + \frac{1}{2}x_2$$

写成以下矩阵形式：

$$\boldsymbol{x}=(x_1,x_2,x_3,x_4)',\quad \boldsymbol{A}=\begin{pmatrix}0 & \frac{1}{2} & \frac{1}{2} & 0\\ 0 & 0 & \frac{1}{2} & \frac{1}{2}\\ 0 & 0 & 0 & \frac{1}{2}\\ 1 & \frac{1}{2} & 0 & 0\end{pmatrix}$$

则 $\boldsymbol{Ax}=\boldsymbol{x}$。

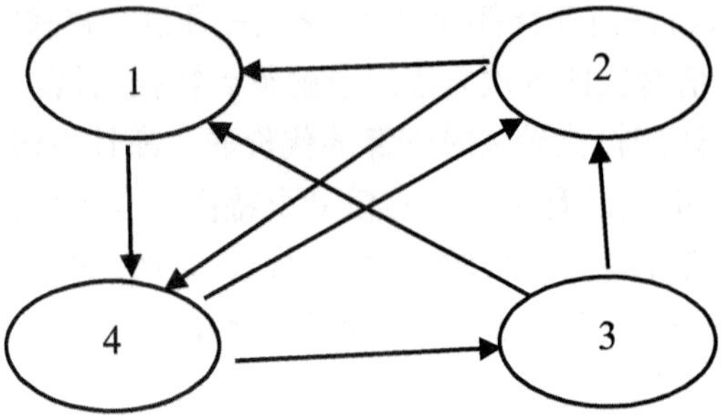

图 8.1　4 个网页间的链接示意图

可以看出，各个网页的重要性得分就转化为其矩阵 $\boldsymbol{A}$ 的特征值为 1 的特征向量。计算可得归一化的得分为 $x_1=0.2174$，$x_2=0.2608$，$x_3=0.1739$，$x_4=0.3478$。也就是，网页 4 的重要性最高，网页 3 的重要性最低。

实际应用中，一次搜索过程往往涉及至少几亿个网页的链接，此时矩阵 $\boldsymbol{A}$ 为百亿级别，直接计算特征向量并不现实，需要借助高效数值计算方法。另外，网页之间的复杂性及用户需求等因素导致精确的特征向量计算意义不大，数值解更受关注。

三、知识链接

1．幂法

1）基本原理

假设实矩阵 $\boldsymbol{A}\in\mathbf{R}^{n\times n}$ 满足以下条件：①有 n 个线性无关的特征向量 $\boldsymbol{x}_1,\boldsymbol{x}_2,\cdots,\boldsymbol{x}_n$；②$\boldsymbol{Ax}_i=\lambda_i\boldsymbol{x}_i$，并且$|\lambda_1|>|\lambda_2|\geqslant\cdots\geqslant|\lambda_n|$，允许有重根。

幂法的基本思想是借助 $\boldsymbol{A}$ 的幂次方及向量的规范化，迭代求解主特征值（绝对值最大）λ_1，及其对应的特征向量 $\boldsymbol{x}_1$。

任取初始向量 $\boldsymbol{v}_0$，由于 $\boldsymbol{x}_1,\boldsymbol{x}_2,\cdots,\boldsymbol{x}_n$ 构成一组基，则有

$$\boldsymbol{v}_0 = \alpha_1 \boldsymbol{x}_1 + \alpha_2 \boldsymbol{x}_2 + \cdots + \alpha_n \boldsymbol{x}_n$$

令 $\boldsymbol{u}_0 = \dfrac{\boldsymbol{v}_0}{\max(\boldsymbol{v}_0)}$，其中 $\max(\boldsymbol{v}_0)$ 表示 $\boldsymbol{v}_0$ 中绝对值最大的分量。这样能保证 $\boldsymbol{u}_0$ 的有界性，且每个分量取值均在 $[-1,1]$ 之间，称之为 $\boldsymbol{v}_0$ 的规范化。

下面利用迭代式 $\boldsymbol{v}_k = \boldsymbol{A}\boldsymbol{u}_{k-1}$， $\boldsymbol{u}_k = \dfrac{\boldsymbol{v}_k}{\max(\boldsymbol{v}_k)}$，反复计算

$$\boldsymbol{v}_1 = \boldsymbol{A}\boldsymbol{u}_0 = \frac{\boldsymbol{A}\boldsymbol{v}_0}{\max(\boldsymbol{v}_0)} = \frac{\lambda_1\alpha_1\boldsymbol{x}_1 + \lambda_2\alpha_2\boldsymbol{x}_2 + \cdots + \lambda_n\alpha_n\boldsymbol{x}_n}{\max(\alpha_1\boldsymbol{x}_1 + \alpha_2\boldsymbol{x}_2 + \cdots + \alpha_n\boldsymbol{x}_n)}, \qquad \boldsymbol{u}_1 = \frac{\boldsymbol{v}_1}{\max(\boldsymbol{v}_1)}$$

$$\boldsymbol{v}_2 = \boldsymbol{A}\boldsymbol{u}_1 = \frac{\boldsymbol{A}\boldsymbol{v}_1}{\max(\boldsymbol{v}_1)} = \frac{\lambda_1^2\alpha_1\boldsymbol{x}_1 + \lambda_2^2\alpha_2\boldsymbol{x}_2 + \cdots + \lambda_n^2\alpha_n\boldsymbol{x}_n}{\max(\lambda_1\alpha_1\boldsymbol{x}_1 + \lambda_2\alpha_2\boldsymbol{x}_2 + \cdots + \lambda_n\alpha_n\boldsymbol{x}_n)}, \quad \boldsymbol{u}_2 = \frac{\boldsymbol{v}_2}{\max(\boldsymbol{v}_2)}$$

容易推导得到一般形式

$$\boldsymbol{v}_k = \boldsymbol{A}\boldsymbol{u}_{k-1} = \frac{\boldsymbol{A}\boldsymbol{v}_{k-1}}{\max(\boldsymbol{v}_{k-1})} = \frac{\lambda_1^k\alpha_1\boldsymbol{x}_1 + \lambda_2^k\alpha_2\boldsymbol{x}_2 + \cdots + \lambda_n^k\alpha_n\boldsymbol{x}_n}{\max(\lambda_1^{k-1}\alpha_1\boldsymbol{x}_1 + \lambda_2^{k-1}\alpha_2\boldsymbol{x}_2 + \cdots + \lambda_n^{k-1}\alpha_n\boldsymbol{x}_n)} \tag{8.1}$$

由对特征值的假设条件可知，

$$\left|\frac{\lambda_i}{\lambda_1}\right| < 1, \quad \left|\frac{\lambda_i}{\lambda_1}\right|^k \to 0, \quad i = 2,3,\cdots,n \tag{8.2}$$

则利用上述两式可以计算得

$$\max(\boldsymbol{v}_k) = \lambda_1 \frac{\max\left(\alpha_1\boldsymbol{x}_1 + \dfrac{\lambda_2^k}{\lambda_1^k}\alpha_2\boldsymbol{x}_2 + \cdots + \dfrac{\lambda_n^k}{\lambda_1^k}\alpha_n\boldsymbol{x}_n\right)}{\max\left(\alpha_1\boldsymbol{x}_1 + \dfrac{\lambda_2^{k-1}}{\lambda_1^{k-1}}\alpha_2\boldsymbol{x}_2 + \cdots + \dfrac{\lambda_n^{k-1}}{\lambda_1^{k-1}}\alpha_n\boldsymbol{x}_n\right)} \to \lambda_1 \tag{8.3}$$

$$\boldsymbol{u}_k = \frac{\boldsymbol{v}_k}{\max(\boldsymbol{v}_k)} = \frac{\alpha_1\boldsymbol{x}_1 + \dfrac{\lambda_2^k}{\lambda_1^k}\alpha_2\boldsymbol{x}_2 + \cdots + \dfrac{\lambda_n^k}{\lambda_1^k}\alpha_n\boldsymbol{x}_n}{\max\left(\alpha_1\boldsymbol{x}_1 + \dfrac{\lambda_2^k}{\lambda_1^k}\alpha_2\boldsymbol{x}_2 + \cdots + \dfrac{\lambda_n^k}{\lambda_1^k}\alpha_n\boldsymbol{x}_n\right)} \to \frac{\boldsymbol{x}_1}{\max(\boldsymbol{x}_1)} \tag{8.4}$$

结论：$\boldsymbol{u}_k$ 为 $\boldsymbol{x}_1$ 的有效近似，$\max(\boldsymbol{v}_k)$ 为 λ_1 的有效近似。近似效率依赖 $\dfrac{\lambda_2}{\lambda_1}$。

2）算法步骤

（1）输入参数：矩阵 $\boldsymbol{A}$、初始向量 $\boldsymbol{v}_0$、迭代精度 ε。

（2）计算下列式子。

① $\lambda_0 = \max(\boldsymbol{v}_0)$，即 $\boldsymbol{v}_0$ 中绝对值最大的分量。

② $\boldsymbol{u}_0 = \dfrac{\boldsymbol{v}_0}{\lambda_0}$。

（3）对 $k=1,2,\cdots$，迭代计算下列式子。

① $\boldsymbol{v}_k=\boldsymbol{A}\boldsymbol{u}_{k-1}$。

② $\lambda_k=\max(\boldsymbol{v}_k)$，即 $\boldsymbol{v}_k$ 中绝对值最大的分量。

③ $\boldsymbol{u}_k=\dfrac{\boldsymbol{v}_k}{\lambda_k}$。

判断$\left|\lambda_k-\lambda_{k-1}\right|<\varepsilon$，若成立，则迭代终止，执行步骤（4）；若不成立，则继续循环步骤（3）。

（4）输出 $\boldsymbol{A}$ 绝对值最大的特征值 λ_k，对应的特征向量 $\boldsymbol{u}_k$。

3）算法实现

例 8.1 计算矩阵的主特征值及对应的特征向量，其中

$$\boldsymbol{A}=\begin{pmatrix}1 & 2 & 3 & 4\\2 & 1 & 2 & 3\\3 & 2 & 1 & 2\\4 & 3 & 2 & 1\end{pmatrix} \tag{8.5}$$

计算例 8.1 的幂法的 Python 代码如下：

```
import numpy as np
def M(A,u0,epsilon,Max):
    uk = u0
    mk_1 = 0
    k = 0
    while True:
        k += 1
        vk = np.dot(A,uk)
        mk = vk[np.argmax(np.abs(vk))]  #求解向量 v 绝对值最大的分量
        uk = vk / mk
        if np.abs(mk - mk_1) < epsilon:
            return [mk,uk],k
        if k == Max:
            print("算法失败！")
            break
        mk_1 = mk
A=np.array([1,2,3,4,2,1,2,3,3,2,1,2,4,3,2,1])
A=A.reshape(4,4)
u0 = np.array([1,1,1,1])
u0=u0.reshape(4,1)
epsilon = 1e-06  #误差
```

```
Max = 100   #最大迭代次数
M,k = M(A,u0,epsilon,Max)
print("利用幂法通过{}次迭代求得主特征值为{}，与其对应的特征向量为{}。".format(k,M[0],M[1].T))
```

输出结果如下：

```
利用幂法通过9次迭代求得主特征值为[9.09901955],与其对应的特征向量为[[1.         0.8198039
0.8198039 1.        ]]。
```

2. 反幂法

1）基本原理

假设实矩阵 $\boldsymbol{A}\in\mathbf{R}^{n\times n}$ 满足以下条件：①有 n 个线性无关的特征向量 $\boldsymbol{x}_1,\boldsymbol{x}_2,\cdots,\boldsymbol{x}_n$；② $\boldsymbol{A}\boldsymbol{x}_i=\lambda_i\boldsymbol{x}_i$，并且 $|\lambda_1|\geqslant|\lambda_2|\geqslant\cdots>|\lambda_n|>0$，允许有重根。

矩阵 $\boldsymbol{A}^{-1}$ 具有以下性质：①有 n 个线性无关的特征向量 $\boldsymbol{x}_1,\boldsymbol{x}_2,\cdots,\boldsymbol{x}_n$；② $\boldsymbol{A}^{-1}\boldsymbol{x}_i=\dfrac{1}{\lambda_i}\boldsymbol{x}_i$，并且 $\left|\dfrac{1}{\lambda_n}\right|>\left|\dfrac{1}{\lambda_{n-1}}\right|\geqslant\cdots\geqslant\left|\dfrac{1}{\lambda_1}\right|$。于是，求 $\boldsymbol{A}$ 的绝对值最小的特征值 λ_n 及其特征向量就可以转化为求 $\boldsymbol{A}^{-1}$ 的绝对值最大的特征值 $\dfrac{1}{\lambda_n}$ 及其特征向量。

根据 $\boldsymbol{A}^{-1}$ 满足的性质，直接对 $\boldsymbol{A}^{-1}$ 利用幂法的计算步骤求解即可，称之为反幂法。即用迭代式 $\boldsymbol{v}_k=\boldsymbol{A}^{-1}\boldsymbol{u}_{k-1}$，$\boldsymbol{u}_k=\dfrac{\boldsymbol{v}_k}{\max(\boldsymbol{v}_k)}$，反复计算可得

$$\max(\boldsymbol{v}_k)\to\frac{1}{\lambda_n},\quad \boldsymbol{u}_k\to\frac{\boldsymbol{x}_n}{\max(\boldsymbol{x}_n)}$$

近似效率依赖 $\dfrac{\lambda_n}{\lambda_{n-1}}$。

2）算法步骤

（1）输入参数：矩阵 $\boldsymbol{A}$、初始向量 $\boldsymbol{v}_0$、迭代精度 ε。

（2）计算下列式子。

① $\lambda_0=\max(\boldsymbol{v}_0)$，即 $\boldsymbol{v}_0$ 中绝对值最大的分量。

② $\boldsymbol{u}_0=\dfrac{\boldsymbol{v}_0}{\lambda_0}$。

（3）对 $k=1,2,\cdots$，迭代计算下列式子。

① $\boldsymbol{A}\boldsymbol{v}_k=\boldsymbol{u}_{k-1}$，避免进行矩阵逆运算。

② $\lambda_k=\max(\boldsymbol{v}_k)$，即 $\boldsymbol{v}_k$ 中绝对值最大的分量。

③ $\boldsymbol{u}_k = \dfrac{\boldsymbol{v}_k}{\lambda_k}$。

判断$\left|\dfrac{1}{\lambda_k} - \dfrac{1}{\lambda_{k-1}}\right| < \varepsilon$，若成立，则迭代终止，执行步骤④；若不成立，则继续循环步骤③。

（4）输出 $\boldsymbol{A}$ 绝对值最小的特征值$\dfrac{1}{\lambda_k}$，对应的特征向量 $\boldsymbol{u}_k$。

3）算法实现

用反幂法计算公式（8.5）的最小特征值及对应特征向量的 Python 代码如下：

```
import numpy as np
def M_anti(A,u0,epsilon,Max):
    uk = u0
    mk_1 = 0
    k = 0
    while True:
        k += 1
        vk = np.matrix(np.linalg.inv(A))*uk
        mk = vk[np.argmax(np.abs(vk))]
        uk = vk / mk
        if np.abs(mk - mk_1) < epsilon:
            return (1/mk),uk,k
        if k == Max:
            print("算法失败！")
            break
        mk_1 = mk
A=np.array([1,2,3,4,2,1,2,3,3,2,1,2,4,3,2,1])
A=A.reshape(4,4)
u0 = np.array([1,1,1,1])
u0=u0.reshape(4,1)
epsilon = 1e-06
Max=100
mk,uk,k = M_anti(A,u0,epsilon,Max)
print("利用反幂法通过{}次迭代求得按模最小的特征值为{}，与其对应的特征向量为{}。
".format(k,mk,uk.T))
```

输出结果如下：

```
利用反幂法通过 10 次迭代求得按模最小的特征值为[[-1.09901946]]，与其对应的特征向量为[[-
0.81980389  1.          1.          -0.81980389]]。
```

3. 基于原点平移的反幂法

1）基本原理

假设实矩阵 $\boldsymbol{A}\in\mathbf{R}^{n\times n}$ 满足以下条件：①有 n 个线性无关的特征向量 $\boldsymbol{x}_1,\boldsymbol{x}_2,\cdots,\boldsymbol{x}_n$；② $\boldsymbol{A}\boldsymbol{x}_i=\lambda_i\boldsymbol{x}_i$，允许有重根。$p$ 为 $\boldsymbol{A}$ 的第 j 个特征值 λ_j 的近似，且 $|\lambda_j-p|\ll|\lambda_i-p|$（$i\neq j$）。则矩阵 $\boldsymbol{A}-p\boldsymbol{I}$ 具有以下性质：①有 n 个线性无关的特征向量 $\boldsymbol{x}_1,\boldsymbol{x}_2,\cdots,\boldsymbol{x}_n$；② $(\boldsymbol{A}-p\boldsymbol{I})\boldsymbol{x}_i=(\lambda_i-p)\boldsymbol{x}_i$，$\lambda_j-p$ 为 $\boldsymbol{A}-p\boldsymbol{I}$ 的绝对值最小的特征值。求矩阵 $\boldsymbol{A}$ 的第 j 个特征值 λ_j 可以转化为对矩阵 $\boldsymbol{A}-p\boldsymbol{I}$ 用反幂法求解 λ_j-p，称之为基于原点平移的反幂法。即用迭代式 $\boldsymbol{v}_k=(\boldsymbol{A}-p\boldsymbol{I})^{-1}\boldsymbol{u}_{k-1}$，$\boldsymbol{u}_k=\dfrac{\boldsymbol{v}_k}{\max(\boldsymbol{v}_k)}$，反复计算可得

$$\max(\boldsymbol{v}_k)\to\frac{1}{\lambda_j-p},\quad \boldsymbol{u}_k\to\frac{\boldsymbol{x}_p}{\max(\boldsymbol{x}_p)}$$

近似效率依赖 $\max(\dfrac{\lambda_j-p}{\lambda_i-p})$。

2）算法步骤

（1）输入参数：矩阵 $\boldsymbol{A}$、近似值 p、初始向量 $\boldsymbol{v}_0$、迭代精度 ε。

（2）计算下列式子。

① $\lambda_0=\max(\boldsymbol{v}_0)$，即 $\boldsymbol{v}_0$ 中绝对值最大的分量。

② $\boldsymbol{u}_0=\dfrac{\boldsymbol{v}_0}{\lambda_0}$。

（3）对 $k=1,2,\cdots$，迭代计算下列式子。

① $(\boldsymbol{A}-p\boldsymbol{I})\boldsymbol{v}_k=\boldsymbol{u}_{k-1}$，避免进行矩阵逆运算。

② $\lambda_k=\max(\boldsymbol{v}_k)$，即 $\boldsymbol{v}_k$ 中绝对值最大的分量。

③ $\boldsymbol{u}_k=\dfrac{\boldsymbol{v}_k}{\lambda_k}$。

判断 $\left|\dfrac{1}{\lambda_k}-\dfrac{1}{\lambda_{k-1}}\right|<\varepsilon$，若成立，则迭代终止，执行步骤④；若不成立，则继续循环步骤③。

（4）输出矩阵 $\boldsymbol{A}$ 的第 j 个特征值 $\dfrac{1}{\lambda_k}+p$、对应的特征向量 $\boldsymbol{u}_k$。

4. QR 方法

QR 方法是求解中小型矩阵全部特征值的最有效方法之一，被称为 20 世纪最伟大的十大算法之一。其基本思想是借助正交变换，实现矩阵的正交三角分解（QR 分解），迭代求解矩阵的全部特征值。

1）基本原理

（1）Householder 变换。

设 $\boldsymbol{v}\in\mathbf{R}^n$ 满足 $|\boldsymbol{v}|=\sqrt{\boldsymbol{v}^{\mathrm{T}}\boldsymbol{v}}=1$，则称矩阵 $\boldsymbol{H}=\boldsymbol{I}-2\boldsymbol{v}\boldsymbol{v}^{\mathrm{T}}$ 为 Householder 变换，也称反射变换。它满足以下条件：①对称性 $\boldsymbol{H}=\boldsymbol{H}^{\mathrm{T}}$；② 正交性 $\boldsymbol{H}^{-1}=\boldsymbol{H}^{\mathrm{T}}$；③保范性 $|\boldsymbol{Hx}|=|\boldsymbol{x}|$。

Householder 变换非常重要的作用是将向量的若干分量约化为 0。即对任一非零向量 $\boldsymbol{x}=(x_1,x_2,\cdots x_n)\in\mathbf{R}^n$，可以构造 $\boldsymbol{H}$ 满足 $\boldsymbol{Hx}=\sigma\boldsymbol{e}_1$，其中

$$\sigma=-\mathrm{sgn}(x_1)|\boldsymbol{x}|,\quad \boldsymbol{v}=\frac{\boldsymbol{x}-\sigma\boldsymbol{e}_1}{|\boldsymbol{x}-\sigma\boldsymbol{e}_1|} \tag{8.6}$$

（2）QR 分解。

设 $\boldsymbol{A}$ 非奇异，则存在正交矩阵 $\boldsymbol{Q}$ 和上三角矩阵 $\boldsymbol{R}$，使得 $\boldsymbol{A}=\boldsymbol{QR}$。下面看给出构造步骤。

第一步，约化 $\boldsymbol{A}$ 的第一列。记 $\boldsymbol{A}_1=\boldsymbol{A}=(\boldsymbol{a}_1,\boldsymbol{a}_2,\cdots,\boldsymbol{a}_n)$，根据 $\boldsymbol{a}_1$ 构造 $\boldsymbol{H}_1=\boldsymbol{I}-2\boldsymbol{v}_1\boldsymbol{v}_1^{\mathrm{T}}$，使得 $\boldsymbol{H}_1\boldsymbol{a}_1=\sigma_1\boldsymbol{e}_1$，则 $\boldsymbol{A}_2=\boldsymbol{H}_1\boldsymbol{A}=(\boldsymbol{H}_1\boldsymbol{a}_1,\boldsymbol{H}_1\boldsymbol{a}_2,\cdots,\boldsymbol{H}_1\boldsymbol{a}_n)=\begin{pmatrix}\sigma_1 & \boldsymbol{a}_1^{(1)}\\ 0 & \boldsymbol{A}_2^{(2)}\end{pmatrix}$。此时，第一列满足上三角。

第二步，约化子矩阵 $\boldsymbol{A}_2^{(2)}=(\boldsymbol{a}_2^{(2)},\cdots,\boldsymbol{a}_n^{(2)})$ 的第一列。根据 $\boldsymbol{a}_2^{(2)}$ 构造 $\boldsymbol{H}_2^{(2)}=\boldsymbol{I}-2\boldsymbol{v}_2^{(2)}\boldsymbol{v}_2^{(2)\mathrm{T}}$ 满足 $\boldsymbol{H}_2^{(2)}\boldsymbol{a}_2^{(2)}=\sigma_2\boldsymbol{e}_2^{(2)}$，记 $\boldsymbol{H}_2=\begin{pmatrix}1 & 0\\ 0 & \boldsymbol{H}_2^{(2)}\end{pmatrix}$，$\boldsymbol{A}_3=\boldsymbol{H}_2\boldsymbol{A}_2=\boldsymbol{H}_2\boldsymbol{H}_1\boldsymbol{A}$。此时，第二列满足上三角。

重复下去一直到 $n-1$ 步，得到一系列正交矩阵 $\boldsymbol{H}_1,\boldsymbol{H}_2,\cdots,\boldsymbol{H}_{n-1}$，使得

$$\boldsymbol{H}_{n-1}\cdots\boldsymbol{H}_2\boldsymbol{H}_1\boldsymbol{A}=\boldsymbol{R}$$

为上三角矩阵，则

$$\boldsymbol{A}=(\boldsymbol{H}_{n-1}\cdots\boldsymbol{H}_2\boldsymbol{H}_1)^{-1}\boldsymbol{R}=\boldsymbol{H}_1\boldsymbol{H}_2\cdots\boldsymbol{H}_{n-1}\boldsymbol{R}$$

所以令

$$\boldsymbol{Q}=\boldsymbol{H}_1\boldsymbol{H}_2\cdots\boldsymbol{H}_{n-1}$$

则 $\boldsymbol{A}=\boldsymbol{QR}$ 构造完毕。

若规定上三角矩阵 $\boldsymbol{R}$ 的对角线元素为正，则这种分解仍是唯一的。

（3）QR 方法。

第一步，对矩阵 $\boldsymbol{A}$ 进行 QR 分解，即 $\boldsymbol{A}=\boldsymbol{Q}_1\boldsymbol{R}_1$，构造矩阵 $\boldsymbol{A}_2=\boldsymbol{R}_1\boldsymbol{Q}_1$。

第二步，对矩阵 $\boldsymbol{A}_2$ 进行 QR 分解，即 $\boldsymbol{A}_2=\boldsymbol{Q}_2\boldsymbol{R}_2$，构造矩阵 $\boldsymbol{A}_3=\boldsymbol{R}_2\boldsymbol{Q}_2$。

重复下去，得到 $\boldsymbol{A}_k=\boldsymbol{Q}_k\boldsymbol{R}_k$，构造 $\boldsymbol{A}_{k+1}=\boldsymbol{R}_k\boldsymbol{Q}_k$。

可以看出， $\boldsymbol{A}_2=\boldsymbol{R}_1\boldsymbol{Q}_1=\boldsymbol{Q}_1^{-1}\boldsymbol{A}\boldsymbol{Q}_1$， $\boldsymbol{A}_3=\boldsymbol{R}_2\boldsymbol{Q}_2=\boldsymbol{Q}_2^{-1}\boldsymbol{A}_2\boldsymbol{Q}_2$， $\boldsymbol{A}_{k+1}=\boldsymbol{R}_k\boldsymbol{Q}_k=\boldsymbol{Q}_k^{-1}\boldsymbol{A}_k\boldsymbol{Q}_k$。也就是说，每个 $\boldsymbol{A}_k$ 与 $\boldsymbol{A}$ 都是相似的，它们有相同的特征值。这可以证明 $\boldsymbol{A}_k$ 本质收敛（对角线及以下部分都收敛）于上三角矩阵或块上三角矩阵，且对角块为一阶或二阶子块。一阶子块就是 $\boldsymbol{A}$ 的实特征值，二阶子块含有 $\boldsymbol{A}$ 的一对共轭复特征值，需求计算。

2）算法步骤

（1）输入参数：矩阵 $\boldsymbol{A}$、迭代精度 ε。

（2）对 $k=1,2,\cdots$，迭代计算下列式子。

① 对 $\boldsymbol{A}_k$ 进行 QR 分解：$\boldsymbol{A}_k=\boldsymbol{Q}_k\boldsymbol{R}_k$，（需要调用 QR 分解子程序）。

② 构造 $\boldsymbol{A}_{k+1}=\boldsymbol{R}_k\boldsymbol{Q}_k$。

判断 $|\mathrm{diag}(\boldsymbol{A}_{k+1}-\boldsymbol{A}_k)|<\varepsilon$，若成立，则迭代终止，执行步骤③；若不成立，则继续循环②。

（3）根据 $\boldsymbol{A}_{k+1}$ 的对角块信息，输出实特征值，计算共轭复特征值。

QR 分解的算法如下。

（1）输入参数：矩阵 $\boldsymbol{A}$。

（2）对 $k=1,2,\cdots,n-1$ 循环计算，即对第 k 列进行约化。

$\boldsymbol{x}=\boldsymbol{a}_k^{(k)}$，选定要约化的向量为 $\boldsymbol{A}_k$ 的第 k 列的对角线及往下的子向量，

$$\sigma_k=-\mathrm{sgn}(x_1)|\boldsymbol{x}| \qquad \boldsymbol{v}_k^{(k)}=\frac{\boldsymbol{x}-\sigma\boldsymbol{e}_1}{|\boldsymbol{x}-\sigma\boldsymbol{e}_1|} \qquad \boldsymbol{H}_k^{(k)}=\boldsymbol{I}-2\boldsymbol{v}_k^{(k)}\boldsymbol{v}_k^{(k)\mathrm{T}}$$

构造 $\boldsymbol{H}_k=\begin{pmatrix}\boldsymbol{I}_{k-1} & 0\\ 0 & \boldsymbol{H}_k^{(k)}\end{pmatrix}$

计算 $\boldsymbol{A}_{k+1}=\boldsymbol{H}_k\boldsymbol{A}_k$，$\boldsymbol{Q}=\boldsymbol{Q}\boldsymbol{H}_k$。

（3）输出 $\boldsymbol{R}=\boldsymbol{A}_n$ 和 $\boldsymbol{Q}$。

3）算法实现

用 QR 方法计算公式（8.5）的全部特征值及其对应特征向量的代码如下：

```
import numpy as np
def qrsplit(A):
    n=A.shape[0]#A 的维度
```

```
    R=A
    for i in range(0,n-1):
        B=R
        if i!=0:
            B=B[i:,i:]
        x=B[:,0]
        m=np.linalg.norm(x)
        #生成一个模长为 m，其余项为 0 的向量 y
        y=[0 for j in range(0,n-i)]
        y[0]=m
        #计算 householder 反射矩阵
        w=x-y
        w=w/np.linalg.norm(w)
        #H=E-2*WT*W
        H=np.eye(n-i)-2*np.dot(w.reshape(n-i,1),w.reshape(1,n-i))#H 是个正交矩阵
        if i==0:
            #第一次迭代
            Q=H
            R=np.dot(H,R)
        else:
            #拼接单位矩阵
            D=np.c_[np.eye(i),np.zeros((i,n-i))]
            H=np.c_[np.zeros((n-i,i)),H]
            H=np.r_[D,H]
            #迭代计算正交矩阵 Q 和上三角 R
            Q=np.dot(H,Q)
            R=np.dot(H,R)
    Q=Q.T
    return [Q,R]

def  qregis(A):
    # QR 迭代(尽量让它多迭代几次，以至于 AK 收敛为上三角)
    n = A.shape[0]  # A 的维度
    Q = np.eye(n)
    for i in range(0, 100):
        # A=QR
        qr = qrsplit(A)
        # 将 Q 右边边累成
        Q = np.dot(Q,qr[0])
        # A1=RQ
        A = np.dot(qr[1], qr[0])
    AK = np.dot(qr[0], qr[1])
    e=[]
```

```
    for i in range(n):
        e.append(AK[i][i])
    return [e,Q]
A=np.array([1,2,3,4,2,1,2,3,3,2,1,2,4,3,2,1])
A=A.reshape(4,4)
egis =qregis(A)
print("QR分解求得的特征值和特征向量")
print(egis[0])
print(egis[1])
```

输出结果如下：

```
QR分解求得的特征值和特征向量
[9.099019513592786,         -3.414213562373097,          -1.0990195135927985,          -
0.5857864376269095]
[[ 0.54683547 -0.65328148  0.44829786 -0.27059805]
 [ 0.44829785 -0.27059806 -0.54683547  0.65328148]
 [ 0.44829786  0.27059804 -0.54683547 -0.65328148]
 [ 0.54683548  0.65328148  0.44829785  0.27059805]]
```

需要注意的是，QR 分解算法中有大量的矩阵运算，比较费时。

若取 $\boldsymbol{v}_k = \begin{pmatrix} \boldsymbol{0}_{k-1} \\ \boldsymbol{v}_k^{(k)} \end{pmatrix}$，则 $\boldsymbol{H}_k = \begin{pmatrix} \boldsymbol{I}_{k-1} & 0 \\ 0 & \boldsymbol{H}_k^{(k)} \end{pmatrix} = \boldsymbol{I} - 2\boldsymbol{v}_k\boldsymbol{v}_k^{\mathrm{T}}$，

$$\boldsymbol{H}_k\boldsymbol{A} = (\boldsymbol{I} - 2\boldsymbol{v}_k\boldsymbol{v}_k^{\mathrm{T}})\boldsymbol{A} = \boldsymbol{A} - 2\boldsymbol{v}_k(\boldsymbol{A}^{\mathrm{T}}\boldsymbol{v}_k)^{\mathrm{T}}$$

$$\boldsymbol{Q}\boldsymbol{H}_k = \boldsymbol{Q}(\boldsymbol{I} - 2\boldsymbol{v}_k\boldsymbol{v}_k^{\mathrm{T}}) = \boldsymbol{Q} - 2\boldsymbol{Q}\boldsymbol{v}_k\boldsymbol{v}_k^{\mathrm{T}}$$

所以，实际上不需要计算 $\boldsymbol{H}_k$，用上面等式后面的代换可以大大减少计算成本。

5. Python 库函数求解

1）eig 和 eigvals

Python 的 scipy.linalg 模块中提供了函数 eig 和函数 eigvals，可直接求解特征值和特征向量。比如，对公式（8.5）直接求解的代码如下：

```
A = np.array([[1, 2, 3, 4],
              [2, 1, 2, 3],
              [3, 2, 1, 2],
              [4, 3, 2, 1]])
linalg.eig(A)
```

输出结果如下：

```
(array([ 9.09901951+0.j, -3.41421356+0.j, -1.09901951+0.j, -
0.58578644+0.j]),   #这里输出的为矩阵对应的特征值
array([[-0.54683547, -0.65328148, -0.44829785, -0.27059805],
```

```
    [-0.44829785, -0.27059805,  0.54683547,  0.65328148],
    [-0.44829785,  0.27059805,  0.54683547, -0.65328148],
    [-0.54683547,  0.65328148, -0.44829785,  0.27059805]]))
#这里输出的为每个特征值对应的特征向量
```

此外，也可以使用以下调用格式：

```
A1,A2=linalg.eig(A)  #其中 A1 为矩阵 A 的特征值组成的向量；A2 为矩阵 A 所有特征值对应的特征向量所组成的矩阵
```

eigvals 的调用格式如下：

```
linalg.eigvals(A)
```

输出结果如下：

```
[ 9.09901951+0.j -3.41421356+0.j -1.09901951+0.j -0.58578644+0.j]
#即输出方阵 A 对应的特征值
```

2）qr 和 QRdecomposition

Python 的 scipy.linalg 模块提供了函数 qr 以实现矩阵 QR 分解。此时式（8.5）的 QR 方法程序如下：

```
import numpy as np
from scipy import linalg
def qrsplit(A):
    qr = linalg.qr(A)   #QR 分解
    return qr[0],qr[1]
def  qregis(A):
    # QR 迭代(尽量让它多迭代几次，以至于 AK 收敛为上三角)
    n = A.shape[0]  # A 的维度
    Q = np.eye(n)
    for i in range(0, 100):
        # A=QR
        qr = qrsplit(A)
        Q = np.dot(Q,qr[0])
        # A1=RQ
        A = np.dot(qr[1], qr[0])
    AK = np.dot(qr[0], qr[1])
    e=[]
    for i in range(n):
        e.append(AK[i][i])
    return [e,Q]
A=[[1,2,3,4],
   [2,1,2,3],
   [3,2,1,2],
```

```
    [4,3,2,1]]
A=np.array(A)
egis =qregis(A)
print("QR分解求得的特征值和特征向量")
print(egis[0])
print(egis[1])
```

输出结果如下：

```
QR分解求得的特征值和特征向量
[9.099019513592786,      -3.4142135623730954,      -1.0990195135927867,      -
0.5857864376269046]
[[ 0.54683547 -0.65328148  0.44829785 -0.27059805]
 [ 0.44829785 -0.27059805 -0.54683547  0.65328148]
 [ 0.44829785  0.27059805 -0.54683547 -0.65328148]
 [ 0.54683547  0.65328148  0.44829785  0.27059805]]
```

此外，Sympy 库中也有 QR 分解函数 QRdecomposition。对式（8.5）进行一次 QR 分解的程序如下：

```
from sympy import *
B = Matrix([[1, 2, 3, 4], [2, 1, 2, 3], [3, 2, 1, 2], [4, 3, 2, 1]])
Q, R = B.QRdecomposition()
#Q对应正交矩阵，R对应上三角矩阵。
```

四、巩固训练

1．用幂法求以下矩阵的主特征值及对应特征向量：

$$\begin{pmatrix} 7 & 3 & -2 \\ 3 & 4 & -1 \\ -2 & -1 & 3 \end{pmatrix}, \quad \begin{pmatrix} -4 & 14 & 0 \\ -5 & 13 & 0 \\ -1 & 0 & 2 \end{pmatrix}$$

2．反幂法求以下矩阵的模最小特征值及对应特征向量：

$$\begin{pmatrix} 1 & 2 & 0 \\ 2 & -1 & 1 \\ 0 & 1 & 3 \end{pmatrix}, \quad \begin{pmatrix} 4 & 0 & 0 \\ 0 & 3 & 1 \\ 0 & 1 & 3 \end{pmatrix}$$

3．QR 法求以下矩阵的全部特征值及对应特征向量：

$$\begin{pmatrix} 0 & 1 & 1 & 0 \\ 0 & 0 & 1 & 1 \\ 0 & 0 & 0 & 1 \\ 2 & 1 & 0 & 0 \end{pmatrix}, \quad \begin{pmatrix} 2 & 1 & 0 & 0 \\ 1 & 2 & 1 & 0 \\ 0 & 1 & 2 & 1 \\ 0 & 0 & 1 & 2 \end{pmatrix}$$

五、拓展阅读

1. 斐波那契数列

意大利数学家斐波那契于 1202 年研究兔子问题：假设一对兔子一个月可以生一对后代，并且兔子没有死亡。现有一对新生兔子在一个月后开始繁殖，则兔子对数的数量变化规律为 1,1,2,3,5,8,13,⋯，其满足 $x_n = x_{n-1} + x_{n-2}$，这就是著名的斐波那契数列。神奇的是，它可以用来刻画某些植物的生长规律、花瓣数、蜂巢构造等自然现象。此数列又称为黄金分割数列，因为相邻两项的比值极限恰好是黄金分割比，这对数学、艺术等的发展影响极大。借助特征值和特征向量可以研究此数列的一般形式，分析其规律性。

记 $\boldsymbol{A} = \begin{pmatrix} 1 & 1 \\ 1 & 0 \end{pmatrix}$，$\boldsymbol{\alpha}_k = \begin{pmatrix} x_k \\ x_{k-1} \end{pmatrix}$，则数列的递推式等价于

$$\boldsymbol{\alpha}_k = \boldsymbol{A}\boldsymbol{\alpha}_{k-1} = \cdots = \boldsymbol{A}^{k-1}\boldsymbol{\alpha}_1$$

下面求解 $\boldsymbol{A}^{k-1}$。利用特征方程 $|\boldsymbol{A} - \lambda\boldsymbol{E}| = 0$ 可得特征值

$$\lambda_1 = \frac{1+\sqrt{5}}{2}, \quad \lambda_2 = \frac{1-\sqrt{5}}{2}$$

相应的特征向量为

$$\boldsymbol{X}_1 = \begin{pmatrix} \lambda_1 \\ 1 \end{pmatrix}, \quad \boldsymbol{X}_2 = \begin{pmatrix} \lambda_2 \\ 1 \end{pmatrix}$$

则利用相似矩阵性质

$$\boldsymbol{A}^{k-1} = (\boldsymbol{X}_1, \boldsymbol{X}_2)\begin{pmatrix} \lambda_1^{k-1} & 0 \\ 0 & \lambda_2^{k-1} \end{pmatrix}(\boldsymbol{X}_1, \boldsymbol{X}_2)^{-1}$$

可得通项的计算公式，为

$$x_k = \frac{1}{\lambda_1 - \lambda_2}(\lambda_1^k - \lambda_2^k) = \frac{1}{\sqrt{5}}\left[\left(\frac{1+\sqrt{5}}{2}\right)^k - \left(\frac{1-\sqrt{5}}{2}\right)^k\right]$$

2. 特征脸

1991 年，Turk 和 Pentland 提出了基于主成分分析（PCA）的特征脸（Eigenface）识别方法，这是第一种真正有效的人脸识别方法。特征脸基于 PCA 将高维的人脸图像数据降维，对协方差矩阵计算特征向量，实现对人脸的快速高效识别。其算法基本的步骤如下。

（1）假设一个训练集中有 N 张人脸图像，每张图像像素分辨率均为 $R \times C$，将像素点列排，则每张图片就转换为一个 $D = R \times C$ 的列向量。此时训练集就存储为 $D \times N$ 的矩阵：

$$\boldsymbol{S}=\{\boldsymbol{s}_1,\boldsymbol{s}_2,\cdots\boldsymbol{s}_N\}_{D\times N}$$

（2）将训练集的所有向量取平均值，计算得到平均脸

$$\boldsymbol{s}=\frac{1}{N}\sum_{i=1}^{N}\boldsymbol{s}_i$$

（3）样本去中心化，每个图像减掉平均脸，$\boldsymbol{\alpha}_i=\boldsymbol{s}_i-\boldsymbol{s}$，得到预处理图像矩阵

$$\boldsymbol{A}=\{\boldsymbol{\alpha}_1,\boldsymbol{\alpha}_2,\cdots,\boldsymbol{\alpha}_N\}_{D\times N}$$

（4）计算协方差矩阵 $\boldsymbol{C}=\dfrac{1}{N}\boldsymbol{A}\boldsymbol{A}'$ 的特征值 λ_i 和特征向量 $\boldsymbol{u}_i$，得到特征脸。

假设实际场景训练集有 200 张人脸图像，像素均为 100×100，则矩阵 $\boldsymbol{C}$ 为 10000×10000 的矩阵，求解特征值和特征向量的难度极大。借助奇异值分解的思想构造

$$\boldsymbol{L}=\frac{1}{N}A'A$$

则矩阵 $\boldsymbol{L}$ 为 200×200 的矩阵，此时利用数值解法可更高效地求解 $\boldsymbol{L}$ 的特征值 κ_i 和特征向量 $\boldsymbol{v}_i$，并且 $\lambda_i=\kappa_i$，$\boldsymbol{u}_i=\boldsymbol{A}\boldsymbol{v}_i$。这样求解矩阵 $\boldsymbol{C}$ 的特征向量的效果更好。选择主成分，保留特征值大的特征向量即可。在研究复杂问题时，先抓住主要矛盾，再去寻求解决方法，可提高工作效率。

（5）人脸识别。

对每一张人脸图像赋权，即

$$\omega_i=\boldsymbol{u}_i'(\boldsymbol{s}_i-\boldsymbol{s})$$

结合分类器确定新的人脸图像与训练集中的属于同一个人。

特征脸方法的成功应用拉开了人脸识别技术发展的大幕。如今，随着互联网、大数据等计算机技术的发展，人脸识别已经进入生产生活的各个方面，如刷脸支付、刷脸乘车、刷脸进校园等。随着技术的进步，人脸识别在门禁系统、网络追逃、医学图像分析、人机交互等人工智能应用中具有巨大的市场价值，对国家智慧城市建设发挥着重要能量。

特征值的应用非常广泛。比如，特征值运用到各种乐器的设计、演奏前的调音和声方面，让我们体会到了和谐之美。和谐是稳定的重要前提，我们要树立正确人生观，与人和谐相处，与自然和谐相处。

附录 A

Python 简介

一、安装

Python 语言解释器是一个轻量级的软件，可以从 Python 官方网站下载，Python 官方网站中的下载界面如图 A.1 所示。

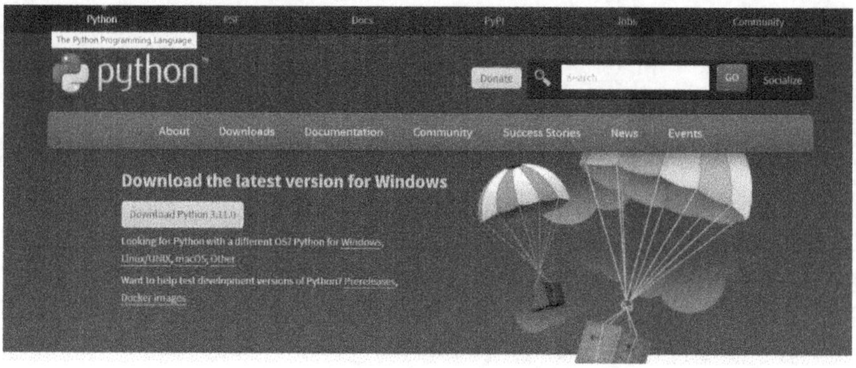

图 A.1　Python 官方网站中的下载界面

图 A.1 显示目前的版本是“Python 3.11.0”，可以根据自己的操作系统选择对应的安装包下载。下面主要介绍 Windows 平台上的最新版本安装方式。因为一般 Python 第三方库的更新要滞后于 Python 的最新解释器，因此也可以不使用最新版本的 Python，而根据自己的项目开发所用到的 Python 第三方库来选择合适的版本。

双击下载下来的安装包“python-3.11.0-amd64.exe”，计算机将启动图 A.2 所示的 Python 安装引导界面。注意在该界面中，勾选“Add python.exe to PATH”复选框。

图 A.2　Python 安装引导界面

安装成功后，界面如图 A.3 所示。

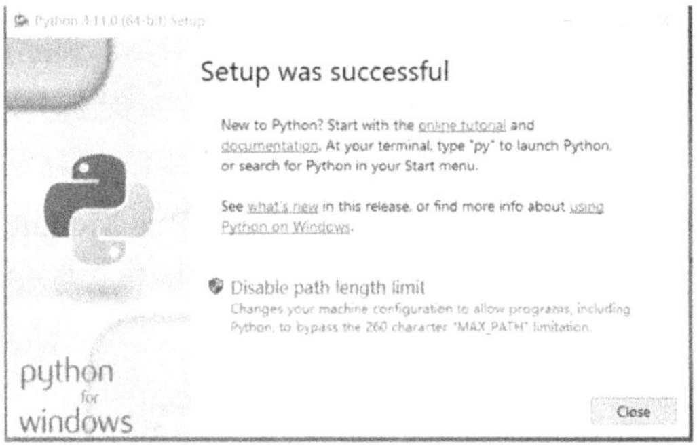

图 A.3　Python 安装成功界面

经过以上安装过程，Python 安装包会在系统中安装一些与 Python 开发和运行相关的程序，其中最重要的是 Python 命令行、IDLE（Python's Integrated Development Environment）和 PIP（对于 Python 2.7.9 和 Python 3.4.0 之前的版本，需要先安装 pip 命令才能使用）。

二、运行

运行 Python 程序有两种方式：交互式编程模式和文件式编程模式。交互式编程模式是指 Python 解释器即时响应用户输入的每条代码，给出输出结果，这种编程模式一般用于调试少量代码。文件式编程模式是指用户将 Python 程序写在一个或多个文件中，然后启动 Python 解释器执行文件中的代码，这也是最常用的编程方式。下面以 Hello World 程序为例具体说明。

1. 交互式启动和运行方式

通过调用 IDLE 来启动 Python 运行环境。单击 Windows 的开始菜单，找到“P”字母下的 Python 3.11 文件夹，在该文件夹下可以找到 IDLE 的快捷方式。启动 IDLE 后，可以直接在 IDLE 提示符“>>>”后面输入相应的命令并按“Enter”键执行即可，如果执行顺利，就马上可以看到执行结果。在“>>>”提示符后输入 exit()或 quit()可以退出 Python 运行环境。图 A.4 展示了 IDLE 环境中运行 Hello World 程序的效果。

图 A.4　IDLE 环境中运行 Hello World 程序的效果

2．文件式启动与运行方法

首先启动 IDLE，在 IDLE 界面中执行“File→New File”菜单命令，创建一个程序文件，输入代码并保存为文件（务必保证该文件扩展名为 py，如果是 GUI 程序，那么可以保存为.pyw 文件）。保存文件后可以执行“Run→Check Module”菜单命令来检查程序中是否存在语法错误，或者执行“Run→Run Module”菜单命令来运行程序，程序运行结果会直接显示在 IDLE 交互界面上。Hello World 程序文件及运行结果如图 A.5 所示

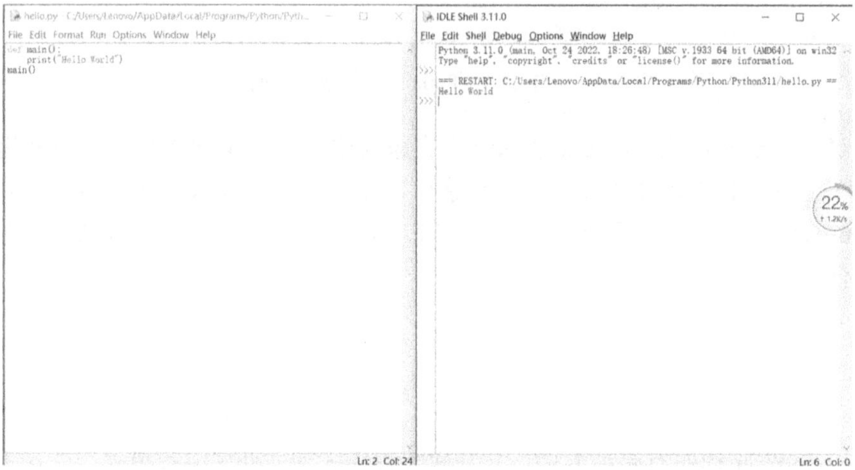

图 A.5　Hello World 程序文件及运行结果

3．使用 pip 管理 Python 扩展库

pip 是管理 Python 扩展库的主流方式，使用 pip 可以实时查看已经安装的 Python 扩展库列表，还支持纯 Python 扩展库的安装、升级和卸载等操作。使用 pip 管理 Python 扩展库只需要在保证计算机联网的情况下输入几个命令即可。

对于 Python 2.7.9 和 Python 3.4.0 之前的版本，需要先下载文件 get-pip.py，再在命令提示符环境下执行以下命令：

```
python get-pip.py
```

至此，完成 pip 的安装（保证计算机联网）。对于 Python 2.7.9 和 Python 3.4.0 之后的版本，安装包中已经集成了 pip，不需要再单独安装。

pip 安装完成后，可以在命令提示符环境下使用 pip 来完成扩展库的安装、升级、卸载等操作。常用的 pip 命令如表 A.1 所示。

表 A.1　常用的 pip 命令

pip 命令	说明
pip install SomePackage	安装 SomePackage

续表

pip 命令	说明
pip list	列出当前已安装的所有扩展库
pip install --upgrade SomePackage	升级 SomePackage
pip uninstall SomePackage	卸载 SomePackage
pip install SomePackage.whl	使用 whl 文件直接安装 SomePackage

三、计算方法相关库函数

用于数值计算的 Python 模块有很多，如 Numpy 库、Scipy 库、Sympy 库、Pandas 库、Matplotlib 库等。本节只介绍最常见的 Numpy 库、Matplotlib 库和 Scipy 库。

1．Numpy 库

Numpy 库提供了 Python 中没有的数组对象，支持数组运算、处理大型矩阵、成熟的广播函数库、矢量运算、线性代数、傅里叶变换及随机数生成等功能，是基于 Python 进行科学计算和数学分析的重要基础库之一。

Numpy 库提供的基本数据类型是由同种元素构成的多维数组（ndarray），数组中元素用整数索引，序号从 0 开始。Numpy 库中多维数组的维度称为轴，轴的个数叫作秩。

由于 Numpy 库中函数较多且命名容易与常用命名混淆。一般采用以下方式引用 Numpy 库：

```
Import numpy as np
```

as 与 import 一起使用能够改变后续代码中库的命名空间。

表 A.2 所示为常用的创建数组函数。创建完数组后，可以查看该数组的属性值。常见的 ndarray 类的属性值有 ndarray.dim,ndarray.shape,ndarray.size,ndarray.dtype 。ndarray.dim 返回的数组轴的个数（秩）；ndarray.shape 返回的是元素为数组在每个维度上大小的整数元组；ndarray.dtype 返回的是数组元素的数据类型，常见的数据类型有整型（int8,int16,int32,int64）、无符号整数（uint8,uint16,uint32,uint64）、布尔类型、浮点类型（float16,float32,float64,float128）、复数（complex64,complex128,complex256）；ndarray.size 返回的是数组元素的总个数。

表 A.2　常用的创建数组函数

函数	描述
np.array([x, y, z], dtype)	从 Python 列表或元组创建数组，dtype 为数据类型
np.arange(x,y,i)	创建一个由 x 到 y，以 i 为步长的数组
np.linspace(x,y,n)	创建一个由 x 到 y，等分成 n 个元素的数组
np.logspace(x,y,n)	创建一个由 10^x 到 10^y，等分成 n 个元素的数组
np.zeros((m,n),dtype)	创建一个 m 行 n 列的全 0 数组，dtype 为数据类型
np.ones((m,n),dtype)	创建一个 m 行 n 列的全 1 数组，dtype 为数据类型

续表

函数	描述
np.identity(m,dtype)	创建 m 阶的单位矩阵，dtype 为数据类型
np.empty((m,n),dtype)	创建一个 m 行 n 列的数组，元素随机产生，dtype 为数据类型。该函数只申请空间，不初始化，速度很快

改变矩阵形态在矩阵运算和图像处理中作用很大。ndarray 常见的改变数组形态的函数如表 A.3 所示。

表 A.3　ndarray 常见的改变数组形态的函数

方法	描述
ndarray.reshape(newshape)	不改变数组 ndarray，返回一个维度为（n,m）的数组
ndarray.resize(newshape)	与 reshape 函数作用相同，直接修改 ndarray
ndaray.swapaxes(ax1,ax2)	将数组 n 个维度中任意两个维度进行调换
ndaray.flatten()	对数组进行降维，返回新的折叠后的一维数组
ndaray.ravel()	与 flatten 作用相同，直接修改 ndarray

在 Python 中，中括号形式的切片操作给予了我们很大的便利。Numpy 库中的切片操作是类似的，具体如表 A.4 所示。

表 A.4　数组切片方法

方法	描述
x[i]	访问索引 i 处的元素
x[-i]	从后向前访问第 i 个元素
x[m:n]	访问索引为 m 到 n-1 的元素，m 和 n 都是整数
x[-m:-n]	访问索引为-m 到-n-1 的元素，m 和 n 都是整数
x[m:n:i]	访问从 m 到 n-1 步长为 i 的元素

关于数组的算术运算函数，可参看表 A.5。在表格中，输出参数可选。若没有指定，则将创建并返回一个新的数组保存计算结果。若有指定，则将结果保存在参数中。

表 A.5　关于数组的算术运算函数

函数	描述
np.add(x1,x2,[,y])	y=x1+x2
np.subtract(x1,x2,[,y])	y=x1-x2
np.multiply(x1,x2,[,y])	y=x1*x2
np.divide(x1,x2,[,y])	y=x1/x2
np.floor_divide(x1,x2,[,y])	y=x1//x2
np.negative(x1,[,y])	y=-x1
np.power(x1,x2,[,y])	y=x1**x2
np.remainder(x1,x2,[,y])	y=x1**x2

关于数组的比较运算函数，可参看表 A.6。

表 A.6　关于数组的比较运算函数

函数	描述
np.equal(x1,x2,[,y])	y=x1==x2
np.not_equal(x1,x2,[,y])	y=x1!=x2
np.less(x1,x2,[,y])	y=x1<x2
np.less_equal(x1,x2,[,y])	y=x1<=x2
np.greater(x1,x2,[,y])	y=x1>x2
np.greater_equal(x1,[,y])	y=x1>=x2
np.where(condition[,x,y])	根据给出的条件判断输出 x 还是 y

常用的数学运算函数，可参看表 A.7。

表 A.7　常用的数学运算函数

函数	描述
np.sin(x)	计算每个元素的 sin 值，x 为弧度
np.cos(x)	计算每个元素的 cos 值，x 为弧度
np.tan(x)	计算每个元素的 tan 值，x 为弧度
np.arcsin(x)	计算每个元素的反 sin 值，输出为弧度
np.arccos(x)	计算每个元素的反 cos 值，输出为弧度
np.arctan(x)	计算每个元素的反 cos 值，输出为弧度
np.rad2deg(x)	弧度转角度
np.deg2rad(x)或者 np.radians(x)	角度转弧度
np.sinh(x)	计算每个元素的双曲 sin 值
np.cosh(x)	计算每个元素的双曲 cos 值
np.tanh(x)	计算每个元素的双曲 tan 值
np.arcsinh(x)	计算每个元素的反双曲 sin 值
np.arccosh(x)	计算每个元素的反双曲 cos 值
np.arctanh(x)	计算每个元素的反双曲 tan 值
np.abs(x)	计算基于元素的整型、浮点和复数的绝对值
np.sqrt(x)	计算每个元素的平方根
np.square(x)	计算每个元素的平方
np.sign(x)	计算每个元素的符号
np.ceil(x)	向上取整函数
np.floor(x)	向下取整函数
np.rint(x)	四舍五入取整
np.exp(x)	计算每个元素的指数值
np.log(x)、np.log10(x)、np.log2(x)	计算基于自然数、10、2 的对数

在 Numpy 库中也有一些与概率相关的函数，如表 A.8 所示。

表 A.8 概率相关函数

函数	描述
np.random.rand([[m],n])	创建一个 m 行 n 列的[0, 1)之间的均匀分布的随机数组。如果参数不给，那么只生成一个随机数
np.random.randint(m,n,size)	创建从 m 到 n，形状为 size 的均匀分布的数组
np.random.seed(seed)	设置随机数种子
np.random.choice(a，num)	在列表 a 中随机提取 num 个元素
np.random.shuffle(a)	将列表 a 随机排序
np.random.normal(loc,scale,size)	返回均值为 loc，标准差为 scale，形状为 size 的正态分布随机数

在 Numpy 库中有一些与矩阵运算相关的函数，如表 A.9 所示。

表 A.9 矩阵运算相关函数

函数	描述
np.linalg.det(a)	对矩阵 a 求行列式
np.linalg.eig(a)	求矩阵 a 的特征值和特征向量
np.linalg.matrix_rank(a)	求矩阵 a 的秩
np.linalg.inv(a)	求矩阵 a 的逆
np.linalg.solve(A, b)	解线性方程组
np.linalg.lstsq(x, b)	用最小二乘估计线性模型中的系数

2. Matplotlib 库

Matplotlib 库是 Python 中绘制二维图表、三维图表的数据可视化工具。它的主要特点如下。

（1）使用简单绘图语句实现复杂绘图效果。

（2）以交互式操作实现越来越精细的图形效果。

（3）使用嵌入式的 latex 输出具有印刷级别的图表、科学表达式和符号文本。

（4）对图表的构成元素实现精细化控制。

Matplotlib 库采用面向对象的技术来实现，组成图表的每个元素都是对象，但是在使用这种面向对象的调用接口进行绘图比较烦琐，因此 Matplotlib 库提供了一整套和 MATLAB 类似的绘图函数库，即 pyplot 模块。pyplot 模块将绘图所需要的对象构建过程封装在函数中，为用户提供了更加友好的接口。

引用 pyplot 子库的方式如下：

```
Import matplotlib.pyplot as plt
```

在后续介绍中，我们将用 plt 来代替 Matplotlib.pyplot。

在 plt 子库中，创建绘图区域的函数如表 A.10 所示。

表 A.10 创建绘图区域的函数

函数	描述
plt.figure(figsize=None, facecolor=None)	创建全局绘图区域
plt.axes(rect, axisbg='w')	创建一个坐标系风格的子绘图区域
plt.subplot(nrows,ncols,plot_number)	在全局绘图区域中创建一个子绘图区域
plt.subplots_adjust()	调整子绘图区域的布局

plt 子库提供了一组读取和显示相关的函数，用于在绘图区域中增加显示内容及读入数据，如表 A.11 所示。

表 A.11 读取和显示相关函数

函数	描述
plt.show()	显示创建的绘图对象
plt.imshow()	显示图像
plt.imsave()	保存数组为图像文件
plt.imread()	从图像文件中读取数组

表 A.12 所示为 plt 子库中常用的基本图表绘制函数。

表 A.12 plt 子库中常用的基本图表绘制函数

函数	描述
plt.plot(x, y label, color, width)	根据 x, y 数组绘制直线或曲线
plt.boxplot(data, notch, position)	绘制箱型图
plt.bar(left, height,width, bottom)	绘制条形图
plt.barh(bottom, width, height,left)	绘制横向条形图
plt.polar(theta, r)	绘制极坐标图
plt.pie(data, explode)	绘制饼图
plt.psd(x, NFFT=256, pad_to, Fs)	绘制功率谱密度图
plt.specgram(x, NFFT=256, pad_to, F)	绘制谱图
plt.cohere(x, y, NFFT=256, Fs)	绘制 x-y 的相关性函数
plt.scatter(x,y)	绘制散点图
plt.step(x, y, where)	绘制步阶图
plt.hist(x, bins, normed)	绘制直方图
plt.contour(x, y, z, N)	绘制等值线
plt.vlines()	绘制垂直线
plt.stem(x, y, linefmt, makerfmt, basefmt)	绘制曲线每个点到水平轴线的垂线
plt.plot_date()	绘制数据日期
plt.plotfile()	绘制数据后写入文件

plt 子库中的坐标轴设置函数如表 A.13 所示。

表 A.13　plt 子库中的坐标轴设置函数

函数	描述
plt.axis('v' 'off' 'equal' 'scaled' 'tight' 'image')	设置轴属性的快捷方法
plt.xlim(xmin, xmax)	设置当前 x 轴的取值范围
plt.ylim(xmin, xmax)	设置当前 y 轴的取值范围
plt.xscale()	设置 x 轴缩放
plt.yscale()	设置 y 轴缩放
plt.thetagrids(angles, labels, fmt, frac)	设置极坐标网格 theta 的位置
plt.grid(on/off)	打开或者关闭坐标网格

plt 子库中的设置坐标系标签函数如表 A.14 所示。

表 A.14　plt 子库中的设置坐标轴标签函数

函数	描述
plt.figlegend(handles, label, loc)	为全局绘图区域设置图注
plt.legend()	为当前坐标图设置图注
plt.xlabel(s)	设置当前 x 轴的标签
plt.ylabel(s)	设置当前 y 轴的标签
plt.xticks(array, 'a', 'b', 'c')	设置当前 x 轴刻度位置的标签和值
plt.yticks(array, 'a', 'b', 'c')	设置当前 y 轴刻度位置的标签和值
plt.clabel(cs, v)	为等值线图设置标签
plt.get_figlabels()	返回当前绘图区域的标签列表
plt.figtext(x, y, s, fontdic)	为全局绘图区域添加文字
plt.title()	设置标题
plt.suptitle()	为当前绘图区域添加中心标题
plt.text(x, y, s, fontdic, withdash)	为 axes 图添加注释
plt.annotate(note, xy, xytext, xycoords, textcoods, arrowprops)	用箭头在指定数据点创建有一个注释

plt 子库中的区域填充函数如表 A.15 所示。

表 A.15　plt 子库中的区域填充函数

函数	描述
plt.fill(x, y, c, color)	填充多边形
plt.fill_between(x, y1, y2, where, color)	填充两条曲线围成的多边形
plt.fill_between(y, x1, x2, where, color)	填充两条平行线之间的区域

另外，为了正确显示中文字体，需要使用以下设置：

```
import matplotlib
matplotlib.rcParams['font.family']='SimHei'
matplotlib.rcParams['font.sans-serif']=['SimHei']
```

其中，SimHei 表示黑体，可以修改为其他字体，如 SimSun（宋体）、KaiTi（楷体）、Microsoft YaHei（微软雅黑体）、LiSu（隶书）、FangSong（仿宋）、YouYuan（幼圆）、

STSong（华文宋体）、STHeiti（华文黑体）。

3. Scipy 库

Scipy 库是在 Numpy 库的基础上增加了大量用于数学计算、科学计算及工程计算的模块，包括线性代数、常微分方程数值求解、信号处理、图像处理和稀疏矩阵等。Scipy 库中的主要模块如表 A.16 所示。

表 A.16 Scipy 库中的主要模块

模块	描述
constants	常数
special	特殊函数
optimize	数值优化算法，如最小二乘拟合、函数最小值、非线性方程组求解等
interpolate	插值
integrate	数值积分
signal	信号处理
ndimage	图像处理，包括滤波器模块、傅里叶变换模块、图像插值模块、图像测量模块、形态学图像处理模块
states	统计
linalg	线性代数

这里只简要介绍部分模块。其中，常数模块调用方式如下：

```
from scipy import constants as C
```

常数介绍如表 A.17 所示。

表 A.17 常数介绍

常数	描述
C.c	真空中的光速
C.h	普朗克常数
C.mile	一英里对应的米数
C.inch	一英寸对应的米数
C.degree	一度对应的弧度数
C.minute	一分钟对应的秒数
C.gram	一克对应的千克数
C.pound	一磅对应的千克数

优化库的主要函数如表 A.18 所示。

表 A.18 优化库的主要函数

函数	描述
optimize.fsolve(func,x0)	非线性方程（组）求解

续表

函数	描述
optimize.leastsq(residuals,c0)	最小二乘拟合
optimize.minimize(func,init_point, method, jac, hess)	计算函数局部最小值

与线性代数相关的库常用函数如 A.19 所示。

表 A.19 与线性代数相关的库常用函数

函数	描述
linalg.solver(A,b)	解线性方程组
linalg.lstsq(x,y)	求方程组的最小二乘解
linalg.eig(A)	求矩阵 A 的特征值和特征向量
linalg.SVD(A)	作矩阵 A 的奇异值分解

数值积分常用函数如表 A.20 所示。

表 A.20 数值积分常用函数

函数	描述
integrate.quad(func,a,b)	计算定积分
integrate.dblquad(func2d,a,b, gfun, hfun)	计算二重定积分
integrate.dblquad(func2d,a,b, gfun, hfun, qfun, rfun)	计算三重定积分

插值常用函数如表 A.21 所示。

表 A.21 插值常用函数

函数	描述
interpolate.interp1d(x,y,kind)	一维插值，插值方法 kind 支持'zero' 'nearest' 'slinear' 'linear' 'quadratic' 'cubic'等
interpolate.UnivaiateSpline(x, y, w=None, k=3, s=None)	外推和 Spline 拟合
interpolate.interp2d(x,y,kind)	二维网格形状插值，kind 支持'linear' 'cubic' 'quintic'
interpolate.griddata(points, values, xi, method, fill_value)	二维非网格形状插值，kind 支持'nearest' 'linear' 'cubic'

参考文献

[1] 李庆扬，王能超，易大义. 数值分析[M]. 5 版. 武汉：华中科技大学出版社，2018.

[2] 李庆扬，王能超，易大义. 数值分析[M]. 5 版. 北京：清华大学出版社，2008.

[3] 李桂成. 计算方法[M]. 3 版. 北京：电子工业出版社，2019.

[4] 同济大学计算数学教研室. 现代数值计算[M]. 2 版. 北京：人民邮电出版社，2014.

[5] 孙志忠，袁慰平，闻震初. 数值分析[M]. 南京：东南大学出版社，2011.

[6] 王晓峰，程宏. 数值代数[M]. 郑州：河南大学出版社，2019.

[7] 中国计算数学奠基人冯康[J]. 计算数学, 2020, 42(03): 258-259+257.